建筑与美国梦

U0311692

国外建筑理论译丛

建筑与美国梦

[美] 克雷格·惠特克 著

张育南 陈 阳 王远楠 译

中国建筑工业出版社

著作权合同登记图字：01-2010-5840号

图书在版编目（CIP）数据

建筑与美国梦 /（美）惠特克著；张育南，陈阳，王远楠译 . —北京：中国
建筑工业出版社，2019.1
（国外建筑理论译丛）
ISBN 978-7-112-22983-3

Ⅰ.①建… Ⅱ.①惠…②张…③陈…④王… Ⅲ.①建筑文化—研究—美
国 Ⅳ.①TU-097.12

中国版本图书馆CIP数据核字（2018）第266551号

责任编辑：戚琳琳 率 琦
责任校对：姜小莲

国外建筑理论译丛

建筑与美国梦
....
[美] 克雷格·惠特克 著
张育南 陈 阳 王远楠 译
＊
中国建筑工业出版社出版、发行（北京海淀三里河路9号）
各地新华书店、建筑书店经销
北京点击世代文化传媒有限公司制版
北京中科印刷有限公司印刷
＊
开本：787×1092毫米 1/16 印张：20 字数：346千字
2019年1月第一版 2019年1月第一次印刷
定价：65.00元
ISBN 978-7-112-22983-3
（33069）

致珍尼弗

for Jennifer

目　录

前　言

　　我是一名执业建筑师，不是建筑史学家，因此，这本书并不旨在描述历史，而是尝试提出我个人的见解。本书最主要的观点是：文化价值决定了人造环境，决定了我们如何评价建筑。

　　许多事实使我产生了这种信念，其中两种截然不同的书对我影响最大。第一本是多年前我偶然读到的费尔南·布罗代尔（Fernand Braudel）在 1970 年初写的《菲利普二世时代的地中海和地中海世界》（*The Mediter-ranean and the Mediterranean World in the Age of Philip II*）。[1] 另一本是卡米罗·西特（Camillo Sitte）著于 1889 年的《城市建设艺术》（*City Planning According to Artistic Principles*），该书研究意大利城镇，并吸引我学习了建筑学。[2]

　　布罗代尔认为地中海周边国家不是由诸如战争和自然灾害等短期因素造就的，而是由气候环境等不可抗拒的力量塑造的。这些因素塑造了当地的经济和文化。布罗代尔还指出文化一旦形成，再去改变就非常缓慢，常常要经历数代人的光阴。

　　卡米洛·西特是 19 世纪晚期的维也纳建筑师，他研究了中世纪意大利城镇平面，这些城镇具有显著的相似性：弯曲的街道、封闭的广场，以及少数的独栋建筑。即使雕塑装饰的广场也具有相似的形制。由于如画的城镇风景拥有如此巨大的吸引力，西特认为其城镇布局组织暗示了更高的美学，可被复制到当代城市设计中。

　　虽然西特的思想与美国这样的新兴国家毫不相关，且这种思想在美洲大陆上也鲜有传播，但是中世纪城市的相似特点却深深吸引着我。中世纪的城市相对独立自治，但显然是由相似的历史环境塑造的。

　　可以理解的是，西特喜爱近人尺度的城镇，对于新城市的"粗鄙无情"[3]十分反感。他认为任何参与形成美国这块土地的文化无论如何也创造不出伟大的艺术：城市街区仅仅是简单的矩形，排布孑然独立的建筑。大量开放的街道路网，没有端点，一切都让他觉得美国的新城市不可能创造出文明的世界。

　　许多来美国考察访问的欧洲人都持同样的观点。例如，弗朗西斯·特罗洛普（Frances Trollope）女士在 1832 年称赞极少被她欣赏的建筑时说道："这样一个房间的主人该是多有艺术品位啊，远远超过美国西部所有暴发户的品位。"[4] 许多美国评论家和建筑师都赞同她的观点。这些人经常通过学习欧洲来获取灵感，并以此为蓝本建设国家，他们认为美国城市初建时是急躁和欠考虑的。

对于西特来说，他很少关注饱受批评的美国，他将精力投在了家乡维也纳，参与了大量的公共建筑项目。[5] 虽然他的思想最终没有对维也纳城市的更新产生影响，但是在建筑师和城市规划师中引起了极大反响。《城市建设艺术》一经出版，"西特规则"在整个欧洲萌芽，建筑系学生和设计师纷纷憧憬西特描绘的风景如画的现代城市。

到了 20 世纪，设计师转向对技术的热衷，西特的思想被认为是陈旧的。在该书出版 10 年之后，他的影响力开始减弱。1922 年，瑞士籍法国建筑师勒·柯布西耶对当代城市的呼吁吸引了公众的关注。当代城市思想主张在大片绿地中建设高层建筑，而西特主张的弯曲街道和小规模城市思想变得陈旧过时。值得讽刺的是，就像许多建筑师一样，早期勒·柯布西耶也是赞同西特观点的，之后才把它扔到一边。[6] 就像建筑史学家希格弗莱德·吉迪恩（Sigfried Giedion）所说，西特"成了一位吟游诗人，在喧闹的现代工业中徒劳反抗地吟唱着中世纪之歌"。[7]

1960 年代，勒·柯布西耶的思想对美国产生了真正的影响，也正是此时我接触到了西特的论著。这个时候，清理贫民窟和城市更新被列入国家政策，一系列依据柯布西耶思想的措施逐步形成。内城成百英亩的房屋被毁，随之竖起孤立的高层。高层建筑远离街道和环境，由于街道没有围合感而在街区形成敞口的伤痕。这种自残式的结局让越来越多的建筑师开始重新思考勒·柯布西耶的观点。在这种环境下西特的专著重新复出，而且他的思想也重新流行起来。

由于种种原因，很快这本书就对我产生了影响。西特认为那些经历上百年仍然存在的、近乎完全相同的形制已经证明了它们的价值。虽然每一个城镇都是一个半封闭的独立世界，但其布局显著的相似性清晰地表明这些近乎相同的选择是各地人民在无意识下做出的。

西特研究分析了米开朗琪罗设计的罗马卡比多里奥广场（Campidoglio）平面，以及珊索维诺（Sansovino）改造的威尼斯圣马可广场平面。虽然这些文艺复兴设计是艺术家展示个人天赋的作品，但是它们都是从具有相同平面的中世纪早期广场发展起来的。早期的广场是工匠、赞助商和官员合作的结果，虽然很多参与者的名字被遗忘。米开朗琪罗和珊索维诺非凡的作品应归功于早期的广场形制。在数百年形成广场的美学抉择中，他们的设计脱颖而出。

布罗代尔文化持久力理论反映到这些形制上时，我想到了一个非同寻常的建筑形制，这种形制是托马斯·夏普（Thomas Sharp）在他一本有关英国村庄的专著中介绍的。《村庄的解剖》（*The Anatomy of the Village*）出版于 1946 年，书中说明许多英国小村庄都沿袭着一贯的形制，其中有些村庄小到只有一条土路，土路两边排了房子。[8] 这些形制与西特在地中海地区发现的非常不同：英国村庄更加开放，拥有更多的植被绿化，教堂往往位于村庄的一端，而不是显著地耸立于城镇中心。在意大利，教堂通常位于广场前，统治着整个城镇。英国村庄内在的一致性进一步强化了这一概念——文化环境塑造相应的建筑性格。

许多美国城市也具有相似性，而且不同于世界其他地方的城市。由于提出了文化观念和建筑形制间的关联性，我开始相信是美国的价值观决定了美国的建筑，而不是什么其他特征。价值观与形制之间的联系加强了我对风格的认识：风格变化迅速，常常被用来界定不同文化下的建筑，但我认为风格本身并不是理解我们独特性的有力工具。

随着时间变化，形制被不断重复。然而，对于我来说，这种重复破坏了植根于现代艺术和建筑的准则，即艺术家作为个人进行创作设计，或是就像琼·狄迪恩（Joan Didion）所说："画家作画如同诗人作诗，都是独立进行选择"。[9] 相反，形制的形成暗示在相同文化下的艺术家更可能拥有相同的观念。就像评论家西比尔·莫霍利·纳吉（Sibyl Moholy-Nagy）在 1968 年对建筑原型的原始概念（意义）的研究，形制绝不是个人创作的显现，个人创作应当创造出独特的、不可复制的组合，当某种社会共有的观念在某一地区相对其他观念更占优势时，才会出现固定的形制，这种形制在其他有着类似观念的地区也会流行。[10]

如此这般，抛开建筑风格、建设年代及设计方法来看，形成美国文化的强大力量一定创造了表达其自我的形制。在我拜读了布罗代尔的书并且开始思考形制的问题后，这种想法变得愈加强烈。我曾经看过一系列克林特·伊斯特伍德（Clint Eastwood）主演的意大利题材的电影。这些电影很显然是在意大利西部或西班牙拍的，而不是好莱坞。刚开始我没意识到这一点，但是看到电影里头几个镜头伊斯特伍德闯进神秘的意大利西部村镇时，我立刻反应过来这部影片肯定不是美国人拍的，这些村镇美到令人产生幻觉。布景师希望呈现给大家古老意大利西部的景色，到处充满了当地特色的元素——酒馆、邮局、食品店。建筑间的关系、建筑与周边地块的关系显然表示出它们不属于美国。

　　我当时意识到布景师疏忽了美国西部城镇的典型特点。但当我重看了这部影片之后，才明白场景中的建筑围绕着中心广场展开，布置得更像是欧洲早期的村庄模样，而不是像美国城镇一样沿着街道房子排列成行。这种分歧不仅仅体现在美国建筑形制中，同样也存在于电影里。

　　文化观念体现在各个方面，尽管有时候是潜意识的，我相信如果我们能够意识到这些观念，并将其成功地运用，就能够改善建设环境。这在美国尤为明显，因为美国从建国开始就尊崇个人主义、公平、自由、团结和革新。

建筑与美国梦

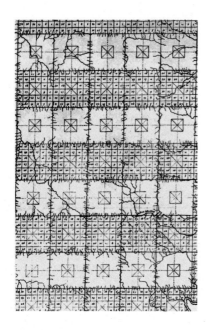

第 1 章

美国梦铸就美国形制

真正的定义，在任何时代，只有自我的天性和目标产生，通过其现状、其希望、其记忆，被标示和被人们定义，超出这种定义，形成的特质被视为风格。

文森特·斯喀利（Vincent Scully）

《现代建筑》（*Modern Architecture*）

我们认可建筑，一方面是因为它们巧妙地传达了我们的认知和想象。另一方面，当建筑的外观与文化理念相悖时，我们会觉得这些建筑令人不安。评判建筑的标准往往是文化价值观的产物，并且文化观念的影响是根深蒂固的。

大部分美国价值观是独一无二的。例如国家建于人们自由、平等、充满机会更新的信念之上，美国也正是建立在这些价值观之上。在美国，人民拥有迁徙的自由，这一点支撑了美国梦——即我们可以随时开始新的生活。这种想法充斥在我们的文化中，亦在建筑中体现。当我们要建造反映美国独一无二之特点的建筑时，我们需要明白如何实现梦想，这一点非常重要。

一个人能否真正通过运用文化价值来描述建筑，尤其是美国式建筑？在全世界众多书籍和电影中，很容易辨别出美国文学和影视作品。那有没有什么元素可以在美国城市和建筑上产生共鸣？有没有哪种建筑形制能够反映我们独有的特征，有没有什么元素能引发美国人的回应？我认为是有的。更重要的是，我相信我们能够更好地传达这些非凡的价值观，这有助于构建更加令人满意且更能体现美国特质的环境氛围。

为了让他人能完全辨识出我们自己的特性，也为了充分总结出利用这些特性的方法，我们必须偶尔求助于其他文明下的建筑，特别是西欧。

美国文化深植于欧洲文明。尽管如此，对于设计师来说，筛查历史是可选择的工作。重新回顾其他时期的建筑不仅仅是梳理知识，更是对相关的建筑形式的研究。在这一点上，欧洲的案例可以帮助我们解释哪些原型能引起共鸣，而另一些却不能。

经过数世纪欧洲城市的兴衰美国人才在新大陆定居。因此，理解美国建筑更重要的出发点是认识我们的起源，还要理解这些起源如何塑造了美国价值观。

美国人相信公民有自由选择的权利，并由此传达个性。同时我们还相信公平，相信这样一个信条：我们每一个人都是独一无二的，是生来平等的。更重要的是，我们相信自由和革新，我们有权利且有能力成为我们想要成为的人，我们也能改变自己，重新开始。每一种价值观都影响着我们的建筑环境。

美国是一个多样性的国家，就像马赛克，像一座有许多房间的房子。因为这是一个每一个人都可以自由选择的国家，它欢迎并包容拥有新思想的人。对于建筑来说，历史上的美国人也能包容任何建筑。自皮埃尔·朗方（Pierre Charles L'Enfant）开始，美国便接纳了外国建筑师和他们的思想。皮埃尔·朗方是移居美国的法国人，在 1791 年规划了华盛顿。在 20 世纪，沃尔特·格罗皮乌斯、密斯·凡·德·罗、理查德·辛德勒、理查德·纽特拉、马塞尔·布鲁尔、贝聿铭和伊利尔·沙里宁，都是移民到美国的，并且都参与了建筑实践。近几年来，美国最好的建筑学院院长大多来自英国、法国和阿根廷。

美国早期的建筑形式和概念来自欧洲。这是由最早的一批来自欧洲的定居者缔造的。在那些早期从欧洲文化中汲取建筑设计灵感的美国设计师当中，要数托马斯·杰斐逊（Thomas Jefferson）最为有名。他认为欧洲古典主义建筑思潮，尤其是意大利文艺复兴时期建筑师安德里亚·帕拉第奥（Andrea Palladio）的思想，非常适合美国的民主特征。帕拉第奥运用希腊罗马的形式语言建造的位于维琴察（Veneto）的圆厅别墅，是美国建筑形制最合适的雏形。[1]

然而，单纯的一种模式是不存在的。自从杰斐逊采纳帕拉第奥母题开始的近 200 年间，我们已经接受了不同的风格形式。为了评判度量美国的多变性，作家维吉尼亚（Virginia）和李·麦卡莱斯特（Lee Mc-Alester）罗列了从安妮女王开始到荷兰殖民时期的 39 条明显的可识别的风格形式。[2] 就像美国建筑师查尔斯·摩尔（Charles Moore）所说的，"我们继承了 100 种传统形式，也挑出了属于自己的形式。"[3]

众多建筑风格同样导致概括美国建筑特色的质疑。因此，通过不同地区风格的建造方式或材料选择来归纳总的建筑风格或许有些困难。新墨西哥州用的是土坯，而长岛东部用的是镀银的木瓦。任何归纳的标准都有太多的例外，因此我们所说的归纳充其量只是其中一种方法。每一个地方的建筑风格相较于周边地方的建筑风格都非常迥异：蒙大拿州比林斯市的新西班牙式庄园（图 1），马莎葡萄园里的日式茶室（图 2），丹佛市的新哥特自动陈列室（图 3），这些都证明了我们是不受约束的折中主义者。诸如此类的例外成了标准；而且，除了热衷于多样性建筑形式，风格很少能展示建筑本身。许多美国人赞同英国建筑评论家杰弗里·斯科特（Geoffrey Scott）在 1914 年发表的言论：风格只是作为一种工具来更好地理解"导致无场所特性"和相关的尝试。通过"作者和读者的谄媚"根本不能解释一些遭人谴责的建筑风格不仅被创造出，实际上还被大加赞赏。[4]

尽管许多风格本身没有传达任何东西，但是它们确实反映出美国对自由的崇尚。对于美国人来说，这种理念要比普通建筑风格流行得多。自由选择的权利就是我们表达自我的权利，我们珍惜这份权利（机会）。当汽车制造商，譬如通用汽车公司总裁阿尔费雷德·斯隆，在 1920 年代意识到消费者（大众）选择的重要性时，他们通过每年推出新车的方式战胜了福特公司一成不变的黑色 T 形车。福特的竞争对手生产了大量不同风格的车型。相较于在它 10 年前，随着福特装配生产线的引入及成熟，不同种类的车型丰富了美国的汽车工业并且使之愈加成熟。

图 1　左：位于蒙大拿州比林斯（Billings）的新西班牙牧场

图 2　右：位于马萨诸塞州玛莎（Martha）葡萄园中的日式茶室。这个花园小构筑物为娱乐所建

图3　丹佛市的新哥特式汽车展厅（之后被用作一家运动商品店）

住宅开发者也深深懂得多样化户型的市场吸引力。19世纪联排住宅开发者经常给潜在客户提供不同装饰来选择，尽管房子本身都是一样的。如今，即使在很小的空间里，开发者也会提供复杂的（不同的）户型和风格。究竟是法式的还是英式的，都由消费者决定。选择风格形式，选择学校或街区——也是美国人行使权利的表现。文森特·斯喀利（Vincent Scully）曾说过："许多高级生物都居住在同一个世界，这种多样性才是现代社会最高级的形式。"[5]这种特性在美国表现尤为突出。

我们不仅要行使选择权，而且要向世界展示我们做得非常好。建筑历史学家J·B·杰克逊在1984年发表的本土建筑专著中，称美国独户住宅是"微型的地产，人们期望这种住宅被外界认同，住在其中的人希望得到敬重。"[6]历史学家丹尼尔·布尔斯金（Daniel Boorstin）认为形象应当与现实相一致，人们期望形象的制造者应与形象相符合而不是与其抗争。"形象一旦树立，形象拥有者便必须打理好自己的事情了，他需要维护形象，避免丑闻，避免任何败坏形象的公众信息。"[7]简言之，我们的建筑不仅要告诉他人我们是谁，而且应当描绘我们的生活质量；美国的建筑，尤其是建筑的正立面，应当体现其中居住或是工作的人过得非常好。

立面间互相攀比，为了显示建筑内人的生活多么幸福。在华盛顿市中心的K街，这种竞争尤为明显（图4）。在寸土寸金的办公和商业区域房地产的价值促使建设者占满每一寸土地。然而，华盛顿的控高限制要求每一栋建筑都要低于美国国会大厦穹顶，将K街的建筑高度限制在130英尺之下。这两个限制条件迫使街道两旁的建筑延伸到人行道边，而且保持相同的高度。建设环境促使普通的建筑元素形成了类似巴黎街道

图 4　左：华盛顿特区的 K 街，摄于 1994 年
图 5　右：巴黎塞瓦斯托波尔（Boulevard Sebastopol）的林荫大道，摄于 1865 年

的尺度，例如檐口以及其他建筑细部（图 5）。然而在 K 街，每一个建筑妄图彰显其特征以标示出与其他相邻建筑的不同之处。

同样的潮流之下，美国各地主要街道都充斥着大量风格迥异的建筑，而且，美国许多城市的天际线都看起来像是曼哈顿参差不齐轮廓线的缩小版（图 6）。20 世纪初美国作家亨利·詹姆士（Henry James）描述曼哈顿天际线时，说它像是"砍掉一半锯齿的巨大梳子"。[8] 最近，文森特·斯喀利认为纽约的摩天大楼"是完全不同的东西，就像在空中竖起的城堡、寺庙和陵墓，如云中的避雷针"。[9]

当然，美国人可以选择不同的建筑风格，然而伴随当地的混乱建设而来的也有批评。查尔斯·詹克斯（Charles Jencks）最近在对建筑的评论中写道："我们看到的建筑就像是一群喋喋不休的人，尽情说着自己的方言，……曾经我们自诩为建筑共同遵守的法则，如今就像是一种讽刺。"[10] 他的控诉在美国建筑史上有很大的影响，规划师埃尔伯特·皮茨（Elbert Peets）在 1937 年宣称，"事实上，美国城市对建筑消化不良"。[11] 1922 年沃纳·黑格曼（Werner Hegemann）和埃尔伯特·皮茨（Elbert Peets）断定美国城市很快会变得一团糟——如果各个建筑继续各唱各的。[12] 为了支持他们的论点，这两位作者再版了 18 年前发表在《建筑评论》（Architectural Keview）上的一幅漫画，漫画中

图6　曼哈顿天际线，由安德烈亚斯·菲林格尔（Andreas Feininger）摄于1935年

街道两旁充斥着不同高度、不同风格的建筑，就像大杂烩。漫画的名字很简单，"混乱"[13]（图7）。对于大多数美国人来说，这种观点听起来非常刺耳，因为美国本来就是一个崇尚自由选择权的国家。

许多美国风格起源于欧洲，而且大多数是直接从欧洲移植过来的，移植后的建筑打乱了原有欧洲的秩序，甚至到了混乱不堪的地步。挪威当代评论家克里斯蒂安·诺伯格·舒尔茨（Christian Norberg-Schulz）认为："这种转换最明显的影响是分裂原有社会文化。新世界不再由基于明确价值观念的系统组成，反而变成了破乱不堪的一堆碎片。"[14]

这种看似混乱的风格，其实掩盖了事实真相。如果混乱成为准则，那么美国各处的建设环境就应该与其他地方有所不同，但事实上恰恰相反。美国的城市非常相似，就像美国的郊区那样。整个国家的商业地段几乎可以互换。特别是美国郊区，尽管建筑单体风格迥异，但却统一在建筑群体中。城市的某个部分也会达到统一，不仅因为建筑群拥有统一的风格，而且在多样的风格下持有相似的理念。此外，如果将美国与欧洲或是其他国家相似的区域整体比较，毫无疑问美国就是美国。这些建筑虽然由不同的人设计建造，印刻着不同人的痕迹，但是这些设计者秉持相同的价值观，因此他们做出的选择也是相同的。

J·B·杰克逊指出："美国土地以百英里来分隔，但是每一个区域相似到令人迷惑的地步。在城市布局、构图法则和建筑设计方面，许多美国城市毫无差异……每一位去过美国的人都觉得美国的人造环境缺乏变化……确实是这样，我甚至记不住两个小镇间的区别……来美国的游客发现走过的地方带有明显的国家风格。人们或许不会关注这些，他们更喜欢变化的、浪漫的环境，但是对其反映出的美国的印象却不会消失。"[15]

这些相似性暗示了美国景观的核心矛盾：在自由选择的观念之下，美国人经常选择同样的东西。尽管有多样的风格，但其建筑和城镇却又很相似。

这些相似性并没有标榜我们的独特性，恰恰相反，许多建筑师和评论家直到今日仍在不断努力，试图改善"美国的本土文化"。[16]伴随着我们根深蒂固的建筑审美而来的是会有更好的选择。19世纪末、20世纪初的城市美化运动就是基于这种类似救世主的信念产生的，当初人们相信欧洲的建筑是高级的，那些历史的经典应当整合到我们的文化当中，并且可以提升我们的城市面貌。

在众多饱受批评的美国建设特征中，最突出也最平常的是城市和村镇的方格网街道。虽然囊括了不同的多样风格，评论家仍然将方格网视为缺少文化的突出表现。因为在一个方格网中没有划分层次——所有的内容都是一样的——许多评论家将方格网街道视为迂腐。即便杰克逊也持同样的观点，他认为方格网或许"对于伟大的美国来说过于陈腐"。[17]

图 7 《建筑评论》中的插图——《混乱》(Chaos)，绘于 1904 年

当然，方格网城市不只属于美国。最早的方格网城市可以追溯到公元前 5 世纪，希波丹姆（Hippodamus）为米利都（Miletus）设计的爱奥尼亚城（Ionian city），以及别的古希腊城市，譬如奥林瑟斯（Olynthus）（图8）。那些痴迷于数学的人对网格秩序和几何逻辑十分着迷，希腊人运用网格将他们的文化传播到小亚细亚。埃及人在公元前 2 世纪建立了方格网城市——卡洪城（Kahun），这座城市是为那些劳动者和管理者修建的。选择方格网形制不是因为它对智者有吸引力，而是它有便于监工登记并

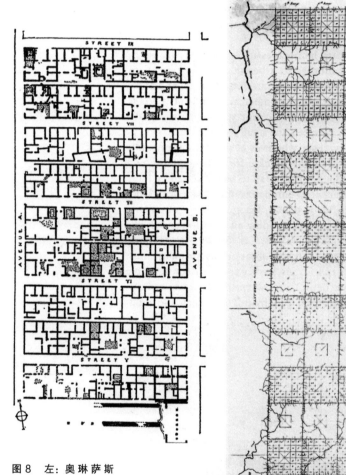

图8　左：奥琳萨斯（Olynthus）的五街区，公元前 432～348 年

图9　右：在俄亥俄州第一次测绘的村落地图，绘制于 1796 年

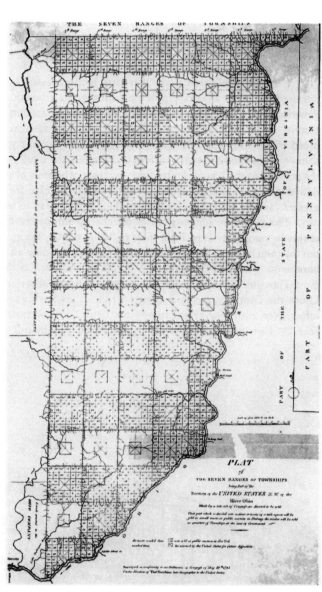

且监管在乌瑟特森王（King Usertesen）陵墓工作的奴隶。强有力的埃及象征是工人建造的金字塔，而不是工人住的地方。

罗马人在整个帝国内部建立了方格网城市。对于他们来说，方格网意味着统治阶级的秩序和权威。几个世纪之后，法国和西班牙的军事探险家在新世界建立了方格网聚居地。对于踏上新大陆的早期探险家来说，在广袤的荒野上方格网令人心安，有时候还能震慑住荒蛮。

方格网对美国人同样意味着正直的美德。大部分城市和村镇运用网格形制，整个国家也被划分为网格。1785 年大陆议会通过的土地法呼吁将美国未开发的土地划分成巨大的网格（图 9）。杰克逊在比较了美国和罗马共和国之后，提出"每一个农场不能太大，也不能太小；每一个勤劳的家庭占有相同的土地；这里的一切都是方的，其优点和缺点都与方形布局有关。"他试图定义美国景观。"我觉得它是古典的，节奏性的重复（不是说偶尔的单调）是古典的特点，是条理和秩序的结果。"[18]

尽管有很多机会可以采纳不同的方案，但是网格街道成了美国的一大特点，变得无所不在。网格是非常普遍的，但是当杨百翰（Brigham Young）在 1847 年将网格社区铺满整个国家并延伸到盐湖城时，他认为网格对于新城市来说应当是个实际的框架，应当作为摩门教信仰的见证（图 10）。对于将来的扩张，杨百翰说："当一个广场放在那里后被建成，

图 10　盐湖城鸟瞰图，绘制于 1870 年

另一个也以类似的方式建造，于是整个世界就被如此填充起来，人们在此安居乐业，因为这里是如同天堂般的城市。"[19]

复杂的地形也不能阻止网格化。攀升到旧金山山顶的街道陡得连马车都爬不上去。如今，旧金山的许多人行道旁都有台阶帮助行人上下山。我们乐于克服自然障碍，旧金山最著名的旅游景点九曲花街的之字形爬坡路就是最好的证明（图11）。

网格的替代手法曾经出现过，但非常稀少。最著名的例子当然是朗方1791年规划的华盛顿，宽阔的林荫道，长长的斜向道路尽头竖立着公共建筑。这个规划曾被视为美丽都市的化身，因为在美国还没开始西拓运动、许多城市还没出现的时候，朗方就进行了华盛顿的设计。许多记者和官员横跨整个美国来到东部参观华盛顿，虽然之后很多人并没有采用这种设计。

有时，评论家会引用朗方规划来反对几乎到处可见的网格设计。然而直到1830年，一位倡议者感到不得不呼吁采纳朗方的理念来规划美国其他的城市。"遵循优秀的品位和审美来规划城市，同不这么做一样，都要做同样的工作,除非现在马上着手,成功概率才会比之前所做的要大。"[20]

图 11　旧金山的九曲花街，摄于 1995 年

尽管如此，美国人总是选择网格。

矛盾的是，网格设计的特征就是缺乏标志性。由于所有地方都那么相似，对于年轻的民主国家来说，网格是唯一合适的选择。许多移民带着他们曾经待过的城镇的平面图（石刻版）去往未开发的疆土。一个挨一个未开发的街区保证了开发者的建设用地与相邻的土地相比不会太好，也不会太差，就像盐湖城。网格保证了质量的均好并且预示了新的开始，而不是在其他移民者遗留下的街区重建。他们规划的平面是他们坚定地执行这场艰难的冒险之旅的凭借——抛却种族和经济环境的不同，这也是种现实的许诺，来到美国新大陆的人在成功的竞争之路上有着公平的起点。

朗方对华盛顿的设计展示了民主的绝对影响力。他开始工作时，有许多伟大的欧洲范例可以引用学习。朗方的父亲是凡尔赛市的宫廷画师，因此年轻的时候，朗方感受了路易王宫殿放射状的林荫大道，以及宫殿后面园林的对角线设计（图 12）。[21] 在巴黎学习的时候，朗方目睹了香榭丽舍大街的开工、横穿整个巴黎的重大改变。朗方决定规划新首都之后，与托马斯·杰斐逊探讨了许多欧洲其他城市的规划平面图，包括德国卡

图 12　凡尔赛宫的平面版画，由皮埃尔·勒·鲍特尔所绘

尔斯鲁厄市的规划平面（图 13）。

凡尔赛宫和卡尔斯鲁厄市的规划，帮助朗方突破了当时的困境。两座城市中，鲜明的斜向道路，道路尽头坐落着象征权力的建筑。任何由单中心发散出林荫大道的规划模式，对于美国的首都来说都有些不合适。因为那 13 个殖民地仍旧拥有庞大的影响，而且这种规划还会带来对暴政的担忧，尤其是在这个宣称人人平等的国家。

为使有层次的放射状道路和美国建设的多元力量之间取得平衡，朗方只是添加了更多的标志和斜向道路（图 14）。除了从白宫和国会大厦延伸出的两条林荫大道，以及横穿中心焦点的放射道路，他又设计了许多其他斜交的道路，每条道路间的夹角都比较特别。在焦点中心，朗方设计了国会大厦、最高法院，还有许多雕像和喷泉，大部分是各个州捐献的。朗方在整个城市中设计了许多节点，就像农夫在田里播种一样。卡尔斯鲁厄市和朗方规划的代表民主权利的华盛顿之间的不同之处，就类似于蜘蛛织的网和人工仿造的蜘蛛织网之间的区别（图 15）。

怀着与新民主观念相结合的希望，朗方通过引入网格来加强斜线的效果。杰斐逊自始至终为自己的网格设计游说当权者，并且画了草图说明其效果。讽刺的是，朗方很早就向乔治·华盛顿点评了杰斐逊的方案，称其"无聊乏味"，"除了延续了冷酷的想象"毫无意义。[22] 尽管如此，朗方还是在他自己的方案中加入了网格布局。如今斜线和网格的交融被解读为两种不同文化的渗透，一种不自在地强加在另一种之上。

在接下来的几个世纪，对朗方规划方案的批评集中在奇怪的碎地和两种不同系统碰撞之后残留的地块。黑格曼（Hegemann）和皮茨（Peets）认为这么多数量的斜线交叉弱化了方案："在格网式的街道中，放射状斜线道路个性、完美、庄重的特点被削弱，交叉处常常出现锐角。"他们还指出这种规划"很难将交叉线融入任何规则性的事物当中。"[23] 事实上，确实是不可能的，朗方通过扭转斜向道路，使之不在一条直线上来适应网格化道路，通过东西南北轴线来校准网格使两种系统互相适应。

历史学家保罗·祖克（Paul Zucker）始终好奇"为什么华盛顿的规划没有很大影响"。[24] 回顾过去，朱克也想知道朗方是否实现了他所做的。无人开发的小块土地遍布华盛顿，这证明了巴洛克式的集权象征和形制永远不能与新世界和谐相处。

美国人有时候接受网格设计，有时也不用网格，他们会基于其他的准则放弃网格规划，而且他们做这些的时候有精力也有信心。贾奇·奥古斯塔斯·伍德沃德（Judge Augustus Woodward）是国会任命的年轻行

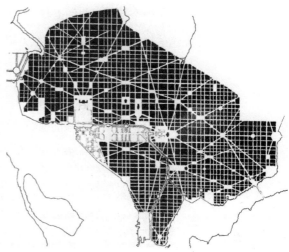

图 13　卡尔斯鲁厄鸟瞰。王子的城堡坐落在放射形街道的起点，其在改革教会的数街区以外。这张图绘制于 1931 年

图 14　华盛顿特区平面，由皮埃尔·查理斯·应凡特于 1791 年所绘。它表示了许多路口以及标志性节点，同时也表示了从国会大厦延伸向波托马克河与南草坪的林荫大道。南草坪从白宫外延伸出，与林荫道呈直角

图 15　左图为正常的蜘蛛网，右图是在咖啡因刺激下产生的蛛网。这两张图一并出现在调节生物学的教科书中，用以表示在多种刺激源下蜘蛛织网情况的差异

政长官，他准备规划底特律城。伍德沃德在 1807 年提出了他的方案，并不像朗方规划华盛顿方案中斜线和网格道路间的结合，伍德沃德的方案中整个都是斜向的道路，不规则的地块，就像是马赛克（图 16）。城市之父伍德沃德确实依据规划图建设了一部分，如今遗留在市中心。伍德沃德每次离开底特律又回来之后，当地的官员发现他的观念"很难适应当时的建设情况"，提出的解决方案不断变更，逐渐冲淡了他之前的规划理念。在这个规划方案提出 10 年之后，伴随着底特律城的扩张，城市官员们完全放弃了伍德沃德的方案，以方格网来替代。[25]

也许最有戏剧性的网格例子是俄亥俄州的瑟克尔维尔市（Circleville），这座城市初建不久即被改造。1810 年首次规划，这座城市中心地区犹如饼状，以法院为中心环了两层，围绕在中心地块的是一条环形道路。形成这种完美的圆的构图是为了向基址中发现的印第安土墩致敬。

虽然尊重历史，但是也终究让步于新社会。在最初的方案实施的 27 年之后，俄亥俄州州议会授权瑟克尔维尔 Squaring 公司改造中心区的环形街道和地块（图 17）。对于瑟克尔维尔的居民来说，最初方案被终止是具有重大意义的。约翰·莱普斯（John Reps）引用当地历史学家的言论：市民认为最初的方案就像是"小孩一时的感情用事"。环绕法院的中心环状草坪被市民嘲弄为"养猪的地方"。[26] 如果深思一下，显然这块地对当地居民来说还是起些作用的，起码城市有很多地方可以用来养猪。

直到 19 世纪中期，工业革命席卷整个美国，在新规划的郊区中，弧形的街道和地块逐渐取代方格网。肮脏的城市和直线的街道毫无吸引力，

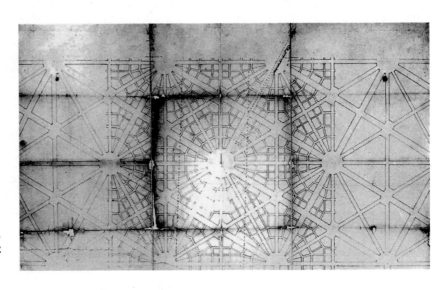

图 16　底特律平面图，奥古斯都·伍德华尔德绘制于 1807 年

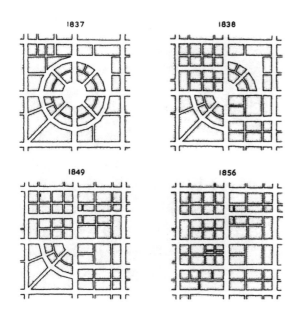

图 17　俄亥俄州瑟克尔维尔
1837 ~ 1856 年的平面变化

而美妙浪漫的曲线形地块则吸引着郊区居民，例如亚力山大·杰克逊·戴维斯（Alexander Jackson Davis）1853 年设计的新泽西州卢埃林公园（图18）。[27] 直到今天，很多美国郊区都有曲线形街道，而且街道上装饰着用沙砾做的犁沟图案，这些手法取自日本园林（图19，图20）。在被划分出的每个部分弧形地块与方网格地块拥有等同的价值。

萨瓦纳（Savannah）小尺度的广场和街道（图21），波士顿后湾和旧金山严谨的网格街道（图22），都显示了网格的魅力，然而，网格的广泛使用却略显无趣，只是向评论家证明了我们的平民思想。卡米洛·西特认为网格注定美国只能拥有平庸的文化。《城市建设艺术》一书中，西特指责了网格式城市规划，"美国没有历史，除了这么广阔的土地，在人类文明史上毫无一席之地……人人只是关心占有土地，为赚钱而生活，赚了钱也是为了生存，人们挤进房子里就像把鲱鱼扔进桶里。"西特提倡未来的城市应该由完全不规则的街道组成，就像他推崇并研究过的意大利城市那样。他警告道："不好的地块建设系统一旦强加于整个规划，并作为地产开发的标准单元应用，那么所有的努力都将是徒劳的，因为如果城市设计倘若如此便会失去意义。"[28]

历史学家兼评论家刘易斯·芒福德（Lewis Mumford）认为美国的网格城市是缺乏秩序的——那些网格只是一种开发的手段："没有哪个区域是为特定的功能而设计的：相反，唯一功能性的考虑是不断激烈增长的土地容积率……在城市规划中，这种仅停留在表面的秩序根本不是真正的秩序。"[29]

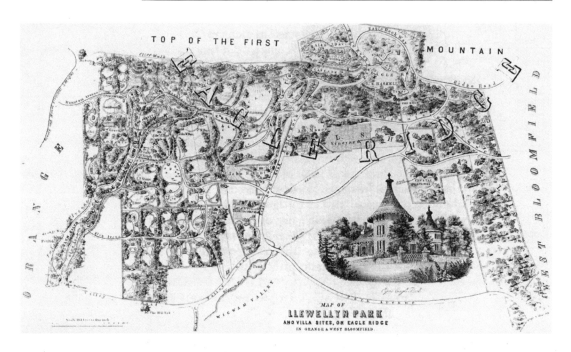

图18 新泽西卢爱林公园平面图，亚历山大·杰克森·戴维斯绘制于1853年

图19 上：纽约里威顿（Levittown）鸟瞰图，摄于1950年

图20 右：日本枯山水

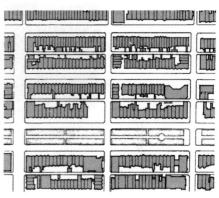

图 21　左：佐治亚州的萨瓦南玻，摄于 1906 年，表示了一系列连续的广场

图 22　右：波士顿后湾平面图。很明显，大体量的建筑主要布置在角落，部分朝着公园与小巷

约翰. 莱普斯认为网格"毫无美感、功能欠缺，沉闷乏味，令人绝望。"[30]

评论家指出网格的出现主要是因为方便，特别是用在基于轨道交通规划的城镇。评论家认为对于勘测者来说，网格是唯一可行的选择。在铁道职工和火车到达这些未开发的土地，移民还未迁入，甚至整个城市还未形成之前，这些调查者狂热地将财产股份投入这片空白的土地。莱普斯引用 19 世纪西部某镇一名旁观者的话评论此事"有个人告诉我当他站在火车月台上，一列长长的货车抵达，里面满载着木结构的房屋、木板、家具、围栏、旧帐篷和所有能够迅速建造'城市'的东西。警卫跳出车厢，看着月台上的朋友们，兴奋地喊着'先生们，朱尔斯堡（Julesburg）到了。'"[31]

对于许多评论家和设计师来说，反对方格网规划的主要理由是美学。网格街道对位于它们面前的建筑毫无强化作用。西特希望街道形成明确

图 23 加利福尼亚州佛罗伦茨的斯特罗齐路，绘制于 1880 年

的类似于广场的空间，而且希望街道狭窄、不规则，这样是为了规范沿街的构筑物（图 23）。他认为笔直的街道削弱了建筑的重要性："这种布局的不寻常之处是任何事物都可以在眼前模糊的视野呈现，没有统领设计的构筑物。"查尔斯·狄更斯（Charles Dickens）在游览了费城后，简单总结一句，"我宁愿城市街道是曲线的。"[32]

在美国南北战争之后，曲线形城郊地块开始变得流行，主要是基于审美考虑。虽然西特从没提到过自己对这些地块设计的反应，但他似乎并没有将这种改善视为美国文化史上的一种进步。1873 年，弗雷德里克·劳·奥姆斯特德（Frederick Law Olmsted）规划了华盛顿州塔科马市。这个规划是曲线城市规划的优秀范例（图 24）。方案中，连续的曲线街道没有较长的视野，街道尽头也没有宏伟的东西作为终结，但是平缓的曲率使得毗邻的建筑能够光滑连接，使这里行走的人们不会感到一丝的突兀。之前的网格式街道和现在的无尽头的曲线式街道，似乎都暗示了美国人永远不会做出宏伟的城市设计。

塔科马市的规划方案惹怒了与奥姆斯特德同时代的规划师，他把那些街区的形状比作"甜瓜、梨和马铃薯"。[33]城市官员似乎也同意了他的说法，因为奥姆斯特德很快被另一个实施了网格式规划的规划师取代。

迥异的建筑风格和网格城市在美国被广泛应用，评论家认为由于美国人不喜欢城市，美国创造不出与伟大文化相称的建筑。在 20 世纪，一些评论家将对城市的厌恶与种族主义联系起来，因为住在城中心的人属

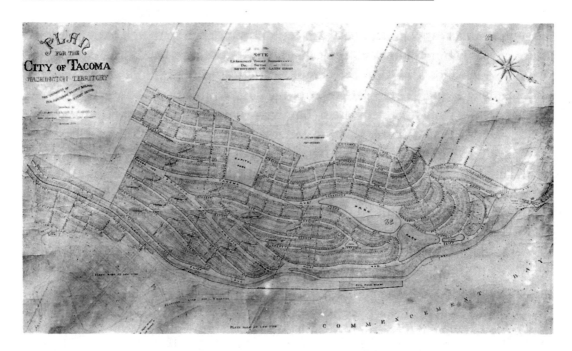

图 24　华盛顿塔科马平面图，由弗雷德里克·劳·欧米斯特德绘制于 1873 年

于少数种族。譬如，斯喀利（Scully）以一种讽刺的口吻严厉指责对逃出城市的偏爱："城市太糟糕了，把城市推倒，开车上路，成为一个先驱，像白人一样住在格林尼治。"[34] 这是个强大的信念，但是离开城市的期望先于种族问题出现，而且这种期望持续的时间更长。如今，越来越多的非洲裔美国人已经开车上路到郊区；从华盛顿到亚特兰大的城市周边不断涌现新的、有时富裕的、以黑人为主的郊区。亚洲裔美国人，也在加利福尼亚、得克萨斯和纽约的一些地方创建了新的市郊住宅区。

　　美国人对城市的反感是因为这个国家起源于农村。城市虽然在整个人类历史上占有一席之地，但对许多美国人来说它仅仅意味着拥堵和妥协。美国人的理念是在一个强调独立自主的国家里相互依存。虽然大部分美国人过着相互依赖的生活，但是自主独立的理念仍然深入人心。

　　美国人总是想把握自己的命运，而这意味着要拥有属于自己的土地。离开城市让人们能够在独立环境中生活。因此，这种方式具有强烈的象征，从而风靡全国。这与托马斯·夏普描述的英国小村庄的生活方式很不相同（图 25）。英国的小村庄位于开阔的地方，这里很少有危险，小房子成群结队在一起，邻里共享花园的院墙。相比之下，在美国，从普利茅斯（Plymouth）到威廉斯堡（Williamsburg）的聚居地都采用独立住宅。一张康涅狄格州费尔菲尔德市（Fairfield）的地图和 1640 年刚建立的时候很相似（图 26），都有着大的地块，建筑之间也相距甚远。城镇里的居民

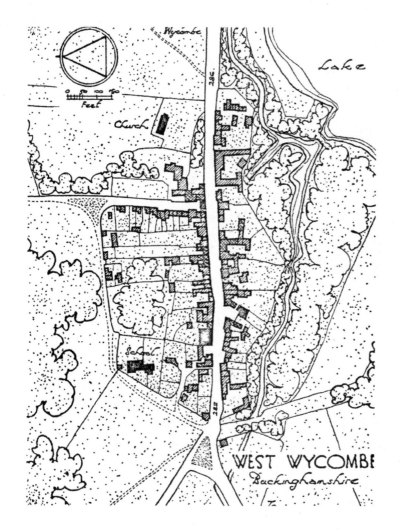

图 25　左：英国白金汉的西威科姆平面图。这里的乡村教堂并不像意大利山城中的那样是永久建筑

图 26　下：康涅狄格州费尔菲尔德平面图，绘于 1640 年。从中可以看出建筑相互之间的间距大多相等

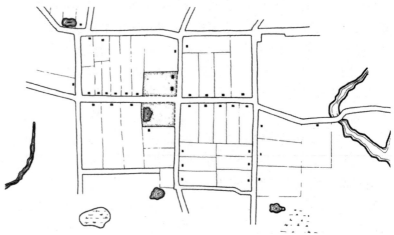

与他们的邻居，独立式建筑也是独立生活信念的强有力证明，或许只是象征性的。这类聚居者可追溯到 17 世纪，从中可以看出这种观念伴随了我们很久。在杰斐逊表达了农村生活的优越性前一个多世纪，在汽车出现前两个半世纪，这类社区已经建立了。汽车让很多美国人能够住到郊区，但是社会评论家却声称汽车让城市变得更加不适宜居住。

我们总想与其他人保持距离，即使在最恶劣的环境里。在美国历史上有段插曲，就是发生在 1847 年加利福尼亚山里的一件事，众人挤在一起才能活下去是当时最好的选择。当纳聚会（Donner party）的居民翻不过被暴风雪封死的山脉，于是只好驾着牛车退回到山脚下的森林里，等待来年的春天。他们没有选择聚居在一起、团结一切力量活下去，每一个家庭都互相远离，有的甚至相距好几英里远，于是他们不得不忍受整个寒冬，最后慢慢饿死，甚至导致人相食。

可以肯定的是，在诸如费城、纽约、波士顿这样的大城市，许多美国人修建并住在相互临近的联排住宅中，尽管如此，与邻居共享界墙的形式并不是像英国那样体现了群体性。许多作家写道，在 18 世纪，几乎每一个人，富人或贫民，都以界墙相隔。甚至位于伦敦唐宁街 10 号的前总理官邸也与邻居共享界墙。[35] 英国王室的独立皇宫是个比较特殊的例外（图 27）。相比之下，在美国，因为每一个人都像是个国王，所以人人的房子就像是一座城堡。就像杰克逊所说："每一个家庭都如同一个微缩的国家，目标是拥有一块不大不小的土地，明确且永久独立。这是属于他们自己的领域，在这里人们拥有自己的家庭生活、自己的列祖列宗，人们可以在特定的时间、特定的地点祭拜自己信仰的神明。"[36]

图 27　伦敦白金汉宫鸟瞰图

图 28　纽约皇后大道旁的独栋别墅

历史上，集合住宅对美国人的吸引力没有独户住宅那么大。在工业革命期间，人们认为联排住宅只与工人相关，公寓是为那些住不起独立住宅的穷人准备的。[37] 在 19 世纪末，开发商花了好多工夫才说服纽约的富人们承认公寓的优点。

直到今天，界墙有时候也有暗示需要帮助，是缺乏独立生活能力的含义。尽管许多美国人选择住在联排住宅、花园洋房，甚至公寓里，但仍然微微显露出一丝生活略带窘境或是需要帮助的意思，就像给老人们提供的养老院似的。虽然在很早之前人们已经不认为只有穷人才住在联排或集合住宅中，但是对于大多数人来说，上述居住方式仍然比不上独栋住宅。即使是在工人阶级扎堆的纽约皇后区，小而紧凑的独栋住宅也都有属于自己的领地（图 28）。比弗利山庄的独立式宅院也与此具有相同的特点，区别的只是大小和华丽程度罢了，人们的观念是一样的。

美国人从自己的领地遥望世界，他们向最有力的象征看去，即开放的街道。历史上，我们沉浸在公路的意象中，因为公路相较于其他象征符号，意味着自由和革新。我们坐着棚车和私家车蜂拥至公路上；坐着瓦巴什炮弹车，坐着圣达菲超级坐驾车，坐着 20 世纪限量版的跑车，坐着十六轮车，还有房车。我们读着瓦尔特·惠特曼（Walt Whitman）的"大路之歌"、罗伯特·弗罗斯特（Robert Frost）的"未选择的路"和杰克·凯鲁亚克（Jack Kerouac）的"在路上"。街道电影十分普遍，以至于我们能叫出好多这类电影的名字。

对于美国的第一代移民，自由意味着来到新世界。如今，对于移民的后裔，自由意味着拥有重新上路的权利。对挽回公路力量的信念不同于

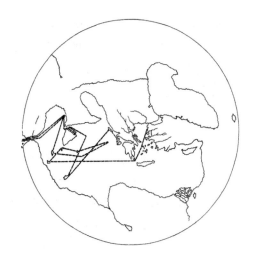

图 29　奥德赛横穿地中海的路线

黄土文化中航海家的旅行观念。例如，奥德修斯（Odysseus）在爱琴海上经历了烦躁困苦的旅程。在荷马史诗《奥德赛》（*Odyssey*）中，他的旅途不是以个人意志为转移的；而更像是装在瓶子里的苍蝇，飘忽不定（图29）。奥德修斯渴望庇护和帮助，在 20 年的悲伤和徘徊中，有 7 年时间在女仙卡吕普索（Calypso）的洞中藏身。当他最终重新出发到海上，已经不再是一个光荣而伟大的冒险家，而是一只被愤怒的海神折腾的玩偶。

在过去，旅行充满着恐怖的危险，就像伏尔泰（Voltaire）在其最著名的小说《坎戴德》（*Candide*）中描述的。坎戴德在他旅途中目睹了一切破坏和残暴。他多次遭到鞭打、在地震中受伤、船舶失事，甚至几乎被野蛮人吃掉。

与之相似，在法国导演让·吕克·戈达尔（Jean-Luc Godard）1967年拍的电影《周末》（*Weekend*）中最经典的场景，画面中的公路上散落着残肢断臂和燃烧的汽车。那些残肢断臂寓意旅行中的危险，就像坎戴德在人生旅途中的坎坷。最终坎戴德从徘徊中振作，他决定与其迅速卷土重来，"还不如耕作我们的花园"。他的这个决定也是法国文化中的向心力量。[38] 在查尔斯·狄更斯 19 世纪浪漫现实主义小说中，大卫·科波菲尔（David Copperfield）独自去国外旅行，不是为了冒险，而是为了悼念。科波菲尔在返回伦敦后得到了婚姻、快乐和事业。

欧洲的道路通常汇聚于城市。正如古谚所说，条条大路通罗马。在城市中，道路往往通向确定的目的地——山、教堂和王宫。最出名的例子要数位于大街尽头的巴黎歌剧院，那是查尔斯·加尼埃（Charles Garnier）绘就的妙笔（图 30）。剧院建于 1861～1874 年，是发达文明的体现，是一栋堂皇的大厦，吸引着所有法国人来到巴黎这座城市。

这座城市是智慧和财富的源头：贵族住在这里；农民和工匠住在周边的乡村里。特别从工业革命开始，乡村成为小康者们快乐的源头，尤其是那些从其他地方淘来财富的人。虽然不是所有英国土地拥有者都是贵族，但是所有的贵族都有财产；平民被君主提升为贵族，伴随着赐予头衔的同时，会得到大片土地的馈赠。[39]

对美国的人们而言，只要拥有土地，就能变得富有。因此，美国的道路象征性地将我们引出城镇，而不是引进来。那条"条条大路通纽约"的格言似乎看起来毫无意义，尽管在美国的文化史上纽约很重要。如果道路将人们引出城市、引出中心和停留的场所——于是建筑更难让人面对和愉悦。如果美国人一直在公路上，那么他们更关注旅途，而不是沿途匆匆掠过的风景。

建筑评论家曾经特别烦恼的是美国的道路是向城市之外引导的。芒福德尽管没引用任何例子来证实这个观点，但他认为"从中心城区向外搬迁没有给人们带来对生活更殷切的希望和信念，膨胀的城市使得独立的定居点远离城市，使每个人都感到比以前更加孤单无助。"很难让芒福德相信通过公路向郊区移动是美国人自己的选择，他坚持认为移动的意愿是荒谬的，是人们迫不得已而为之的。他声称移动"相较于有紧紧围合的城市提供的稳定性来说，给人们集聚的机会更少。"[40]

诺伯格．舒尔茨（Norberg-Schulz）在机动性对社会的影响方面持有

图30 巴黎歌剧院，查尔斯·加尼埃于1861～1874年所绘

同样的观点。他意识到"通信技术使人类摆脱了面对面的接触,并且联系促进越来越多的人移动起来"。他从这个事实悲观地预测被如此通信方式左右的世界"不会促使人类进步"。这个移动的世界将不会有"建立稳定场所上基于相似性重复",也不会容许"人性化的互动"。他引用建筑师克里斯托夫·亚历山大(Christopher Alexander)的言论来支持他的观点:"如果缺乏密切接触,社会将会呈现出病态……不法行为和神经错乱将不可避免地出现。"[41] 显然这些评论家认为人们最长远、最好的选择是找个地方定居下来,远离道路。

我们经常赞扬其他文明下的流动性,例如肯尼亚马赛手工艺人和北非贝都英人的流浪生活。在电影《北方的纳努克》(Nanook of the North)中我们看到了爱斯基摩人追随海豹和鲸的足迹,这是对独特文化的高贵且悲惨的记录。尽管如此,对芒福德和其他评论家来说,美国公路的流动性是青春期叛逆逃跑的一种标志,而不是革新。

一些人坚持认为开敞的公路是否认无拘无束的表现。美国人喜欢人在旅途且结果未知的感觉,这形成了美国文化中一个经久不衰的卡通形象——宣称世界会走向灭亡的人。在作品中,结局会带来启示——一场激烈的好莱坞大灾难,就像纳撒尼尔. 韦斯特(Nathanael West)的著作《蝗灾之日》(The Day of Locust)中的场景 (图 31)。评论家断言,如今,我们之后的拓荒者日,面对着被汽车拥堵的高速公路,面对着广阔的太平洋,我们必须最终停下来面对现实。我们必须这样做才能成就美国文化,使美国文化和建筑屹立于世界民族之林。

美国存在许多社会弊端,有些人认为机动性是其中之一,但美国人

图 31　刺槐之日,摄于 1975 年,截选自派拉蒙影业作品

图 32　乔治·卡莱布·宾汉的油画《平底驳船上的快乐水手》,绘制于 1846 年

不这么想。旅行能带来友情，就像乔治·凯莱布·宾厄姆（George Caleb Bingham）的那幅画《载歌载舞的船夫》（*The Jolly Flat-Boatmen*）所传达的（图 32）。旅行也能促进不同种族的理解，就像《哈克贝利·费恩历险记》中哈克与黑奴吉姆的漂流经历。旅行（历程）可以提供一个变亲密的机会，正如阿尔弗雷德·希区柯克拍的《西北偏北》（*North by Northwest*）中的最后一个场景，加里·格兰特将爱娃·玛丽·森特拉到上铺。旅途也可以促进自尊，就像《末路狂花》（*Thelma and Louise*）中两个被围困追赶的女人那样。

最特别的是，开敞公路可以带来亲密友情，《绿野仙踪》中桃乐茜沿着黄砖路前往翡翠城时交到了所有她的好朋友。当桃乐茜和她的朋友运气不佳时，遭遇险境，偏离了翡翠城，因为邪恶女巫转变了黄砖路的方向，使得他们走入一片罂粟花地。在美国"循规蹈矩"本身就是目标。

对于美国人，道路意味着进步和开拓，然而我们只是含糊地定义了这个词。历史学家弗雷德里克·杰克逊·特纳（Frederick Jackson Turner）特别指出"当免费的土地不再诱使人们向西部移民时，美国已经结束了一个重要的历史篇章。有些人断言美国人生活的外拓特性现在已经完全终结，特纳认为这是个草率的预言。移动的意愿一如既往，除非教育没有到位，否则美国人将会一直需要更广阔的领域施展。"[42]

在 20 世纪，美国的移动性是与汽车联系起来的，两者之间的因果关系经常是混乱的。评论家有时候声称，与其说汽车造成了移动，不如说汽车仅仅是个工具，却最终使大多数美国人，怀着自由、机动的信念而开车上路，汽车仅仅是这种观念的象征。

许多仇视私家车的环保人士，也将公路视为这种信念的象征。他们不开车，而是步行和骑自行车上路。[43] 沿着华盛顿切萨切克至俄亥俄州驳船运河和纽约北部伊利运河的两条路是典型的非机动车道路。它们证明在美国人心里，不管以何种方式移动，移动本身才是动力。我们总在赞美移动，不管是在 66 号公路还是阿巴拉契亚小径。

尽管在美国道路的尽头也没有什么宏伟的目标，甚至没有目标，但是美国人仍然想要旅行。每一个看了《绿野仙踪》的小孩都会学习到，尽管旅途以失望结束，但不要抹杀旅行的意义。当桃乐茜最终抵达翡翠城，她的小狗托托揭发了假装善良的法师和虚假的翡翠城。桃乐茜终于意识到她不需要借助位于黄砖路尽头的法师，那帮助她回到堪萨斯的魔力一直在她身上。

类似的是约翰·斯坦贝克（John Steinbeck）《愤怒的葡萄》（*Grapes of Wrath*）中的最后一幕，一长列五颜六色的货车，载着佃农和他们的财产，不是通往荣誉之路，而是行驶在去往弗雷斯诺的路上，他们将要干 20 多天的农活。玛·乔德（Ma Joad）劝告她的家人不要过于乐观："也许会是长达 20 天的工作，也许一天也不用。我们得到了再说。"导演约翰·福特的最后一幕定格在那列货车直直地冲向了太阳，向前摇摆着。玛喊着："我们会不断前进。我们是活着的人。他们不可能将我们摧毁，他们不可能战胜我们，我们将永远前进，因为我们生而为人。"

实际的旅途结果对我们并无太大意义，在很多方面都显示我们对结果不感兴趣。在某个夜晚的某条街道上，模拟庄严的青少年队列坐着他们的车慢慢地来来回回移动，只因有观众们聚在一起观看。汽车队伍没有明确的头和尾，与周围的建筑也没有特别的关系。人群散尽，汽车加速到 180 迈（英里），鸣着笛，向来的方向返回。

长长的车队表现出与南美村庄中完全不同的场景。在南美村庄里，男人们的脸被火光照亮，在中心广场呈一长排散步，而女人们向相反的方向散步。这两群人在闪闪烁光中慢慢前进，每列互相穿插，描摹出广场和周边建筑的轮廓。

那些在美国道路两边的人尽最大的努力让别人看到自己所做的营生。洛杉矶的凡奈斯大道，被认为是汽车"巡航"的发源地，这里的汽车装饰华丽，配有立体声设备，它们呼呼地驶过两边欣赏的人群。[44] 这个场景特别像新年那天在帕萨迪娜市的景象，在玫瑰碗游行中，人群聚集在一起观赏一列鲜花装饰的彩车，那些骑着彩车前进的人希望和站在彩车上的人一样，受到人群的关注——就像 1942 年奥逊·威尔斯拍的《安伯森情史》（*The Magnificent Ambersons*）中开着旧车的绅士们，像是亨利·詹姆斯在 20 世纪初描写的货车司机："行驶在毫无特色的公路上，来来回回路过那些精巧的宫殿。"[45]

我们认为移动的东西值得人们关注，这一观念根深蒂固，即便有时候移动是隐喻的。例如在西弗吉尼亚州亨廷顿市，青年人快用完油钱时，他们只能关了发动机，坐在卡车里"巡游"。[46]

无论是参加者还是观众都不关心彩车是从哪里出发，又在哪里结束，只要每个人被看到就行。即使游行队伍有检阅台，评判员也像那些观众一样，只是站在路边上。没有人关注彩车、旧汽车和高级轿车在哪里加入游行队伍，或是他们在哪里脱离队伍，只要他们经过就可以。谁又知道复活节游行从哪里开始又从哪里结束呢？

这种观念表明了建筑师的困境：想象一下，一长列铁路货车停在位于山间小路旁的大纪念碑前。这一列车或许停在了旅途中一个合适的点，但是我们并不想停滞不前。在美国，纪念碑与车辆或者任何种类的车辆不出现在同一个画面中（图33）。早来的人们从来不会在道路上设置障碍。

图 33　边远主街上的马车队。摄于 19 世纪 80 年代

即使有，那总会有人从驾驶座上下来，移除障碍，让后面的人能轻松行驶。

最好的是，美国建筑从一个侧面，刺激而不是阻碍流浪工人的旅行。那些人认为"河流，终将向前流淌"。在美国，给一条路赋予意义的并不是目的地。恰恰相反，公路是个伟大的象征，它激发着所有的事物、目标还有建筑。

我们受到风格多样化的影响，乐于向他人展示我们的状态有多么好，我们偏爱方格网街道，我们渴望独立，我们将开放的公路作为首要象征。美国建筑最重要的任务就是运用一切手段强化这些特征，同样创造一种人在旅途的意识，而不是期待某一天改变自己。

第 2 章

前门，后门

人们必须在私密和公共之间自由转换。

拉尔夫·瓦尔多·爱默生（Ralph Waldo Emerson）

"命运"，《生活行为》（"Fate"，*The Conduct of Life*）

美国人通过建筑物正面传达公共形象，相较于大多数文化，我们更重视别人对我们的看法。美国人总想为事物增添光彩；因此我们创造了广告和公关，也花了很大精力和财力在前院和正门。我们希望给世人留下这样的印象：国王在他自己的城堡里生活得很好，而且我们希望过得不比别人差。

屋后同样对我们很重要，恰恰是因为我们不必优先考虑后院的形象。美国人的后院经常与前院形成反差：储藏着我们不想展示给世人的东西。纳撒尼尔·霍桑（Nathaniel Hawthorne）认为后院"比前院更加真实，不论在城市还是乡村。前院总是人为制造出来的，就要给世人展示，因此前院就像遮着一层隐藏真相的面纱，而真相在建筑后院。"[1]

后院成了庇护所，为我们提供了在家就可以亲近自然的机会。在美国，假山花园、戏鸟盆、菜园都在后院。新世界早期的移民者不断在追寻尘世里的天堂；如今，后院就是伊甸园式的庇护所。一个美国人曾说过："我不知道巴黎人想要什么。但是他们有的只是一块非常小的属于自己的游憩场所，和大量的公共设施……我们有更多样的个人生活空间……我们拥有属于自己的花园，就在我们屋后。"[2]综合来看，前院和后院是一枚硬币的两面，前院是公开的，后院则是私密的，这种特点影响着我们如何向世人表达自我，如何形成我们的建筑风格。

除了在建筑的表面上展示自己做得有多好，美国人经常向世人透露一丝自己的私生活，而且也希望别人这么做。在美国更爱用铁栅栏将一

图 34　上：纽约城的弗里克豪宅。卡雷尔与霍思定摄于 1914 年

图 35　右：俄亥俄州 36 号公路旁的住宅。显示了除起居室观景窗外，其他所有窗户大小相等

处奢华的房子围起来，而不是高墙。这样路人更能瞥到里边的奢华，就像纽约第五大道的弗里克大厦一样，不想将整个隐藏起来（图 34）。同样的，在美国郊区，就像布洛斯金所说："当我们从落地窗看出去时，我们更想看到邻居在干什么。但是邻居除了想透过大落地窗观察我们也不会做什么事。"[3] 因为大落地窗，可以观看到屋内的生活起居，在许多小镇上，如果一直将窗帘拉着，人们会认为这户人家不太友善；窗帘应当敞开着，至少有时候是这样。换句话说，拥有落地窗户而不让人看到里边容易产生文化上的误解（图 35）。

前院和后院，公共和私密的二元性，往往延伸到建筑。在许多美国家庭中，门厅直接联系了前门和正式的公共空间——起居室和餐厅，这些房间，精心展示我们的形象。在这之后，房子的后半部分，是家庭室和餐厨间，在这里我们过着更个人、更随便的生活。贵重的古董、做摆设的书和艺术品都在起居室展示，而玩偶、报纸和电视则在家庭室里。

19 世纪，那些生活优渥的家庭，都有两个起居室，最正式的那个有时候被称为主教客厅。即使在 17 世纪殖民时期，一个两室的房子里，主教客厅区别于"起居室"，主教客厅用来接待客人，而"起居室"是家庭活动的地方。[4]

公共和私密二元性在其他文明下不太明显；或者说两者都比较缺乏。例如，典型的美国企业总部大厦，会在入口处有一个引人注目的中庭或是栽满植物的大厅。紧接着的是大会议厅，礼堂，和重要的办公室，在这里，公司和公众可以交流接触。较小的办公室和加工车间在上述区域的后边，远离公众视线。相反的，在中国的办公建筑里，雇佣工的餐厨总是能闯入公众的视野，与前门的大厅直接毗邻。

美国校园的特点是装饰物或其他建筑特色总出现在前门附近。走进入口，展览的都是体育奖杯或是孩子们的艺术作品，而后门则通向运动场。相较之下，在法国校园，访问者必须穿过一个院子到达前门，这个前院也是用来让孩子们活动的。

前院和后院二元性对于许多美国本土人来说缺少共鸣。例如印第安人，历史上公共和私密空间就没有区分。他们相信整个地球都是公有的——在某种意义上，地球是个大的后花园。在蒙大拿州印第安人的保留地跟以前几乎没什么区别，在前院总能看到旧汽车和堆积的一两件机器（有时候挺整齐的）。因为人人都是这个部落的成员——人人都叫琼斯——维持公众形象没有什么必要性。[5]

尽管盎格鲁 - 撒克逊（Anglo-Saxon）文明是美国文化的根，但美国前院后院的二元性也有别于英国。它们之间的显著区别在 18 世纪伦敦联排住宅的房间组织上可见一斑。萨默森（Summerson）指出大部分住宅相对狭窄，住宅的尺寸决定了给每户提供基础设施和服务时所收取的费用。[6]每条确定长度的街道上的住宅单元越多，显然每户需缴纳的基础设施费用就越少。萨默森没有解释原因，但却描述了那个时期英国建设者的显著倾向——花费大量的精力和财力提升伦敦奢华住宅前的道路水平（图 36）。建造者铺路时首先是竖起两道平行的墙。用泥土填满两道墙之间的沟渠，然后铺设车道和人行道。房子退后道路，通过一座小桥连接人行道和前门。虽然房子的底层作为整幢的一层楼看起来要比街道低，但实际上它们几乎在一个水平面上。大面积的窗户使得阳光能够照进这最下面一层的房间里。

只有在这里花费大量的费用来修建抬起式的街道是有意义的，仅仅是因为英国社会拥有根深蒂固的社会等级结构观念。所有的英国人都享有公

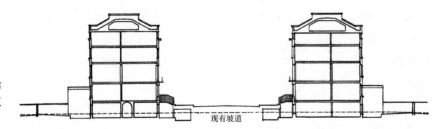

现有坡道

图36 18世纪伦敦布鲁姆伯利典型的住区街道断面

民的权利，可以从街道上直接到家里，每一户应享有大尺寸的窗户。作为家庭主人的英国绅士仍然住在地下室干活的佣人上面。社会等级对建筑的影响结果简洁地体现在1970年代最著名的英国电视剧《楼上楼下》（Upstairs Downstairs）。因为各个阶级持有同样的价值观，后院对英国人没有吸引力；联排住宅使得佣人能够方便到达后院。联排住宅通常背靠背，如果后院真存在的话，那就是佣人们简陋的居所和马厩，那里可以直接从底层到达。[7]

正如我们要将建筑的内部空间组织成公共和私密空间一样，在设计建筑的外立面时也会作同样的区分。建筑正立面传达的标志性信息太重要了，以至于有时候即使是最简单的建筑造型和外观都是从正立面获得的。例如，斜脊的不对称双坡顶建筑，建筑的沿街立面比背立面大，在靠近马路一侧的部分升起以迎合道路，后面的部分斜削下去。鲜明的轮廓和正立面装饰成为它的建筑特色（图37）。因为正立面是我们创造公共形象的地方，我们在上面做最多的华丽装饰和建筑处理。正如在任何其他地方，在欧洲，只有重要的建筑才有光辉的正立面，然而在美国，我们赞扬并突出任何一栋建筑的正立面，从宏大的公共建筑到普通的路边小房子（图38）。

复杂的雕饰大门，黄铜的车厢灯，铁艺栏杆，企业的徽标和圣诞节彩灯都在建筑正面。在建筑正面我们的绿化景观布置更正规，更多的杜鹃花、日本枫树（鸡爪枫）和草坪。正如肯特·布鲁默和查尔斯·穆尔指出的，我们更希望房子的正立面匀称，但对于房子的背面要求就没那么苛刻（图39）。[8]建筑师将建筑的正面比喻为安妮女王，背面比喻为玛丽安，以此来描述这种二元性。[①]

我们经常突出建筑的正立面，不是想吸引人进入更加辉煌的室内，而是替代华丽的室内。正立面是个终结。文丘里和洛奇（Rauch）参与的国家足球名人纪念馆竞赛中，提议将一个小建筑建在一个大电子公告牌下面（图40）。与时代广场上的告示牌相类似，公告牌将比赛和其他

---

① 英王亨利八世的王后与情人，为孪生姐妹。——译者注

图 37 左上：所罗门·理查德宅邸，马萨诸塞州，东布鲁克菲尔德，摄于1748 年

图 38 上：冰激凌店，27号公路，长岛，东哈普顿

图 39 温斯洛宅邸，位于伊利诺伊州，河溪森林（River Forest），由弗兰克·劳埃德·赖特于 1893 年所建。上图为正立面，右图为背立面

图 40　国家足球馆大厅模型。由文丘里与洛奇于 1967 年所做

信息传递到停车场和野餐公园。建筑师通过引用哥特教堂这类运用部分假立面的先例，来阐释他们的建筑入口设计。[9] 然而，哥特式教堂正立面上的玫瑰花窗预示着建筑内部的庄严肃穆。名人纪念馆设计了小小的壁龛，摆满了照片和旧的足球衫。纪念馆太小了，需要夸张地处理，因此运用正门上边的公告牌、扶壁柱和其他修饰性手法来让小建筑看起来大一些。

　　19 世纪最初的几十年，希腊复兴式建筑风格席卷整个美国，产生许多该风格的设计作品。田园牧歌式的形式成为新共和政体颂扬的理性民主的缩影，雅典卫城是这个山地国家最合适的隐喻。希腊复兴式风格拥有另一个同样重要的贡献，通过入口前置，它使新富裕起来的公民展示了他们的干的有多好。位于纽约州日内瓦玫瑰山的希腊复古式门廊非常夸张，而它的后面只不过是一个格局凌乱的二层隔板住宅（图 41）。同样的，马撒葡萄园的希腊复古式建筑立面表明（图 42），至少对于建造者而言，超尺度的柱子相较于它们之间的间距，具有更重要的价值。

　　因为对建筑立面的关注太过强烈，致使一些历史学家认为这些风格更应该被准确地称为罗马复兴式，就像托马斯·杰斐逊设计的弗吉尼亚州议会大厦模型所传达出的。在这之前，杰斐逊在欧洲游学期间观看并

图 41　左：纽约州日内瓦的玫瑰山住宅。建于 1839 年

图 42　下：位于玛莎葡萄园的一处住宅。摄于 1835 年

学习了卡里（Carré）神殿——一座位于法国尼姆市的罗马寺庙（图 43）。卡里神殿完全不同的正立面和背立面，是典型的罗马建筑，然而大部分古希腊建筑，例如帕提农神庙，在四周都有相等数量的立柱。

　　甚至今天，位于迈阿密湖的一所夸张建筑立面的房子和佛罗里达戴托纳海滩边上的小小办公建筑（图 44、图 45），承载了美国建筑长时间的夸张传统。同样地，文丘里屡次发表的关于拥有庞大新古典主义式立面的小建筑研究，成为小建筑试图看起来庞大的典型范例（图 46）。文

图 43 国会大厦模型，位于弗吉尼亚州里士满，托马斯·杰斐逊于 1786 年所做

丘里表明夸大的立面涉及广泛，从埃及复古式到麦当劳现代造型，可以说多种多样美国风格都有夸大的成分。

最为人所熟知的美国夸大形象是位于弗农山庄的乔治·华盛顿游廊（图 47）。具有讽刺意味的是，尽管建筑的背立面，其乔治时期的石柱廊建筑在全美成百上千的建筑中也是鹤立鸡群的。就像建筑师斯特恩（Robert A.M. Stern）所说，凉廊 Loggia "迅速成了这个国家的前廊。" [10]

虽然前门很少被使用，但是在美国建筑中却具有象征性的重要意义。例如在休斯敦，得克萨斯，分区规划的缺失导致了同类型的公寓盖得像两层大圈饼一样围绕在花园、游泳池或是其他设施的周围。[11] 建筑充当了中心封闭的半私密空间和外部未规划的城市空间的间隔。在如此复杂的建筑中，私人公寓的入口处直接面对建筑两侧的停车场。大尺度的正门，面向街道，虽然常常不怎么使用，但所有的建筑特色都展现在正门上（图 48）。弗吉尼亚怀特马什的小农舍，运用同样的设计手法，在建筑正立面外加了隔板装饰（图 49），然而实际上真正频繁使用的门在侧面。

前门和建筑其余部分的关系犹如主街和镇上剩余部分的关系。主街道代表了一个小镇对公众的颜面。主街道上的建筑，投入最大，往往会夸张建筑的尺度。蒙大拿州博兹曼的主街上（图 50），两侧的两三层高的建筑差不多有 50 英尺高，使得室内空间要比真正需要的高很多，律师事务所和其他类型的业态占据着这些地方。紧靠主街背后，则是城市中非常典型的一二层小建筑。

图 44　左：住宅，位于佛罗
里达州迈阿密湖

图 45　下：办公建筑，位于
佛罗里达州戴托纳海滩

图 46　下：住宅建
筑平面立面研究。
由文丘里与洛奇于
1977 年所做

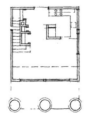   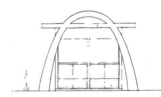

图 47　弗农山庄上的住宅后院门廊，位于弗吉尼亚州的费尔法克斯县，建于 1757～1787 年。对称的背立面在美国很少见

图 48　休斯敦的公寓大楼

图 49　储存库，位于弗吉尼亚州的怀特马什

图 50　甜豆豆嘉年华当日主街的游行队伍，位于蒙大拿州的波茨曼

　　将最好的装饰集中到正立面不是最近才出现的现象。在殖民时期，对于简朴的人，将最贵的隔板墙用在正立面上都似乎是恰当的选择，房子的其他面则用木瓦（图 51）。"用木头和砖混合建成的房子，只有正对主要街道的那一面才用砖。"一个游客 1750 年到新泽西州新不伦瑞克游览时说道。"这种特殊的面子工程很容易让匆忙经过城市的游客相信所有的房子都是砖盖的。"[12]

　　甚至今天，其他立面仍旧普通，唯独正立面上运用特殊的材料，其他几面运用再普通不过的材料（图 52）。当这种观念——建筑正立面永远且应当是最华丽的观点产生时，文化偏见也就凸显出来，包括我们不愿看到的。譬如，位于纽约城的巴亚大楼，由路易斯·沙利文设计，虽然该楼侧立面朴素的砖墙和小窗是那么显而易见，但是我们很少能注意到（图 53）。沙利文将正立面处理成"整洁的外表面形象，以此来彰显公共空间"。[13] 然而室外的其余部分根本没有什么建筑理念。

　　大型的城郊封闭式购物中心经常运用同样价值理念淡化背立面。在购物中心，商店的前门是向内的，面向封闭的步行街。后门不是位于服务走廊的侧面，就是直接面对着停车场（图 54）。从商人的观念来看，这是很好的，因为商店的前门吸引了那些已经在购物中心里的消费者们。

但对于在建筑群外面的人来说，看到的则是满面空白的墙和散布的货物出入口。为了减少视觉上的混乱，许多购物中心开始营造非常夸张的正门——当购物者从停车场来到入口时，其巨大的尺度足以吸引他们的注意力（图55）。

我们尽可能将注意力集中到正立面上，但实际上，我们更愿意看到建筑朴素的一面。虽然我们不愿看到那些在正立面上再加一层装饰立面的欧美商店，但我们理解这种辩证思维（图56）。因此，我们不介意看到像曼哈顿的佩里公园这样的设计（图57）。佩里公园由泽恩（Zion）和布林（Breen）设计，处于建筑的夹缝之中。在这块地上，两边的建筑一栋年代久远，另一栋较新，为多层，墙面缺乏装饰。建筑间的分界墙和建筑的背立面从来不愿被看到。但偏偏就是这种不太雅观的墙面反而成了舞台的布景，在三面环绕的小空间里，公园尽头跌落的瀑布，一下子就吸引人们的视线。

佩里公园的重大成功促使纽约兴起了袖珍公园的建设。但是其后建

图51 下：位于玛莎葡萄园的埃德加敦住宅

图52 底部：位于俄亥俄州的哥伦布住宅

图53 拜亚大楼，位于纽约市。由路易斯·沙里文于1898年所建

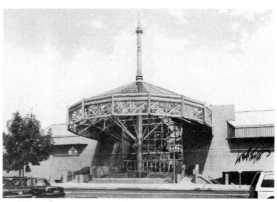

图54　左上：购物中心的后门，位于哥伦布

图55　右上：百货超市前门，位于康涅狄格州的丹伯里

图56　左：位于得克萨斯州乌托皮亚的假正面

成的优质案例在建筑上屈指可数。瀑布和封闭墙因为太昂贵而被禁止使用，因此最好的小型公园也缺乏趣味中心。公园周围建筑后院和侧墙乏善可陈，因此这些口袋公园与大型景观也没什么差别。

现象背后的真实，也因平衡现象和真实而获得乐趣，这可以帮助我们理解为什么恰巧建在纽约市政大厅背后的特威德 Tweed 法院（图58）仍然屹立不倒，尽管最初计划是要拆除的。这座建筑的体量和风格与市政厅近似，因此对市政大厅起到了更重要的标志作用。这两座建筑一起展现了纽约如何处理前后门之间的空间。市长在前面的市政厅里作报告的同时，法官则在后面审判犯人。两座建筑的吸引力与每周的节目《与

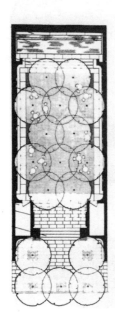

图57　佩利公园，位于纽约市，则昂与布林设计修建于1967年。左为平面图，右为鸟瞰图

媒体见面》的开场相似，开场时展现了幕后的场景，例如配线、不打灯的脚手架，围在发光装置周围的相机等。前景很明亮，足够吸引我们的注意力，当然我们很想知道整个效果是如何实现的。

正立面和背立面、现象和真实间的二分性，吸引着许多美国人到电影制片厂看电影是如何制作的。我们想要看到建筑和道具幻景背后的真实。我们在应当和不应当之间取得平衡有时候是必需的，就像马克思兄弟的电影《剧院一夜》（atthe opera）中展现歌剧表演时后台复杂混乱的场景一样。一个惊恐的观众看着哈普 Harpo 拽着舞台上的绳索摇摆，忽上忽下，露出了后台的混乱景象，而舞台前的一个男高音（欧洲人）镇定地唱着，好像没有什么不寻常的事儿发生似的，在他背后，手绘的背景幕布由小田园乡村转换成了战舰上的甲板——舞台上警察来来回回奔跑，试图抓住哈普。

诗人格温多琳·布鲁克斯以诗歌《前院的歌》（a song in the front yard）恰当地描绘了这种二元性：

我一生待在前院，

我想看看后面的景象

那里崎岖不平，无人照料，荒草丛生。

我是一个厌倦了玫瑰的女孩。[14]

进入后院，就代表进入了私人的领域。这个领域，无论是装饰奢靡的还是朴素无华的，对我们都重要，因为它属于我们自己。后院有自己独特的行为准则；越过后院篱笆交谈的话题都是不可能在公共场合随便谈论的。陌生人、推销员，得到前门，但是如果后门方便的话，朋友和邻居通常都走后门。被邀请到后院参加烧烤聚会，意味着被邀请到私人聚会或是家庭活动。相比之下，当我们注意到有人在前院举办活动时，可推测这要么是个街区舞会，或是为了给小社团筹钱的集会，或是别的什么公共聚会。

每个后院都是私密的，若在邻居的后院里东瞅西看的话，会被认为是侵犯隐私。作家乔尔·加罗（Joel Garreau）发现："美国人回家来到后院，把后院围起来，这样他们就会觉得安全。"[15] 因此那些让人觉得隐私受到侵犯的行为——例如有人窥视后院，即使他是从街上望过去，都让人生厌。

美国的城市公路和铁路经常穿越后院，这是因为私人地产后面的土地通常要比住宅前边的公路用地和街道用地便宜。这种交易降低了土地价格，然而，对于火车乘客和汽车驾驶员来说，因为要穿过大量的住宅后院墙和私人后花园，却是个令人尴尬的旅途。康涅狄格州的梅里特公路，穿过美国东北部最贵的住宅用地，设计师通过沿铁道种植大量的植物来消除这种不适感。植物遮住了后院，给了司机和房主相对舒适的私人空间。

即使我们能从自己的前院轻易地看到邻居的后院，我们仍旧侵犯了私人领域。如果建筑师和规划师没有注意到前后院的区别，那么结果是混乱的，就像楠塔基特岛（Nantucket）上的新住宅基地，许多房子的前

图 58　市政厅，位于纽约市，左侧的由曼金与麦库姆设计修建于1811年。右侧的是特威德法院，由约翰·科伦设计修建于1872年

门对着邻居的后门（图 59）。前门和后门的毗邻削弱了前门的价值，如同为得克萨斯州奥斯汀市提议修建的独立洋房（图 60）。同样的问题发生在理查德·迈耶的洛杉矶盖蒂博物馆上。那些建筑群在以山为背景的基地里显得非常夺目，使人联想到雅典卫城的独立寺庙，但是好像也没有组织好各个建筑，同样是因为前门对着后门（图 61）。

在电影《后窗》（*Rear Window*）中，阿尔弗雷德·希区柯克聪明地利用我们偷窥邻居私生活的矛盾心理。詹姆斯·斯图尔特从自己家中看着对面公寓里发生的一切，并发现侦破了一起谋杀案，这是件好事，但一联想到他的偷窥癖，我们往往疑惑这种行为是否恰当（图 62）。或许此时只有杀手被拘捕了才能使我们原谅他的偷窥行为。

美式的后院不会因为其是私人生活领域而在规划上不被重视，因此城市区域规划通常不干涉后院。卡米洛·西特认为后院和内部庭院需要划分区域分别设计。这是一个有趣的想法，在德国汉堡，城市规章条例规定内部庭园开放给公众使用。[16] 但是这种想法不切合美国人的想法，美国人珍爱他们的私密后花园。

曼哈顿格林尼治村中一个公共庭院是个很罕见的例外，这个院子位于以休斯敦、麦克杜格尔、布利克和沙利文四条街为界限的小街区内，低矮的篱笆围出公共庭院，里边绿树林立（图 63）。1920 年代，居民从街区现有的后院中裁出一块带状地作为公共活动场地。贡献出这条带状地的业主共同持有所有权，将这块地铺了路，奉献出来给公众使用，同时共同维护它。每一个业主，仍旧保留着与公共区域毗邻的后院。这个决定并没有淘汰掉这些私人后院，反而使得公共庭园维持了六年多，尽管时而会想要取缔它。有些人赞成把带状地还给业主，但有些人坚持认为即使有公共区域，后院的功能也依旧存在，而往往后者赢得胜利。每一个业主不仅享有私人领域；也享受到公共区域带来的额外福利。这对后院的氛围是一种提升而非破坏。[17]

不管后院是一个堆放垃圾的地方，还是一个小天堂，或是处于两者之间，美国人认为后院是跟自己息息相关的，虽然有时候会遇到不太可能发生的遭遇。例如，纽约大都会博物馆和中央公园之间就发生这样的事。博物馆的正门开在第五大道，但是博物馆主体位于中央公园内。最近几年，博物馆每一发布扩张的计划，公园的拥护者就会激烈地抗议。扩张部分面对公园，与中央公园没有明显的界限。博物馆管理员认为扩张部分在博物馆自家的后院里，但是抗议者显然将这种扩张视为博物馆对原则的破坏（图 64）。

图 59　住宅细分，位于楠塔基特

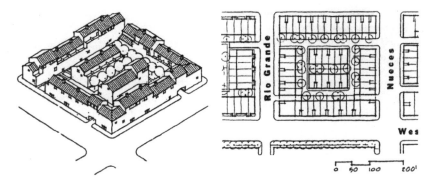

图 60　城市住宅的迷宫，位于得克萨斯州奥斯汀，文丘里与斯考特绘于 1983 年

图 61　位于加利福尼亚州洛杉矶的盖蒂中心模型

图62　上：大导演希区柯克在《后窗》的拍摄现场。摄于1954年

图63　右上：街区一角，位于纽约市，周围是休斯敦街、麦克杜格尔街、布雷克尔街与苏利文街

前后院界限的混乱来源于对建筑立面不同象征角色的忽视。这在现代主义建筑师间异常流行，他们趋向于把建筑看成是从各个角度都能欣赏的雕塑体。就像文丘里主张的，现代主义建筑师"强调了城市中建筑的独立性，这些建筑是相互隔离的，而不是用来形成街道界墙的，虽然这已经是种惯例"。[18] 对一些现代主义者来说，正立面和背立面不同的设计暗示着社会规则的默许。被指责为"立面主义"或是假立面，在建筑学的某些领域是很严重的问题。宏伟的正立面和苍白的背立面间的对比，源于建筑的外因而非内因。相比之下，各面相同的建筑所暗示的建筑性格来源于它的既有功能和设计师的个人观点与形式感觉。

一个令人印象深刻的例子是保罗·鲁道夫（Paul Rudolph）设计的耶鲁大学艺术与建筑系馆（图65）。建筑的四个立面几乎完全相同：巨大的尺度，庞大的窗户尺寸，虽然只有两面面向街道。另两面只能从后院和背面的小路看到。

建筑师和规划师忽略了建筑前后的区别，有时候会产生意想不到的效果。克拉伦斯·斯坦（Clarence Stein）最有名的设计是1928年在新泽

图 64 纽约中央公园，摄于 1960 年。照片上部显示了大都会博物馆伸入公园中

图 65 建筑与艺术系馆，位于康涅狄格州纽黑文的耶鲁大学。由保罗·鲁道夫设计建设于 1963 年；左上是正面视角（这是路易斯·康设计的耶鲁艺术画廊），右上是小巷视角

西州雷德朋市设计的住宅项目，在该设计中，他将住宅正面转向公园，背面面向车行道（图 66）。斯坦和他的同事意识到汽车正成为美国人生活中永久的特征。而且他们意识到汽车对行人的危害。[19] 最终，他们设计的住宅社区中汽车在社区的边缘行驶。这样，住宅本身分隔了汽车和人。斯坦将住宅排列在死胡同的两侧。驾车者将车停好，穿过住宅来到后边像手指一样渗入的绿地，接着就是更大的公园、小学和社区游泳池。多年来，雷德朋市的一条地下人行道成为最常拍照的场所，孩子们穿越这

条地下通道走着去上学，而不必有穿越马路的危险（图67）。就雷德朋市和其他所谓的花园城市的数据表明，被汽车撞到导致事故的数量非常少。

　　在雷德朋市，仅有车行道和街道才是硬质铺装，厨房位于住宅的这一侧。妈妈可以从厨房窗户看护自己的小孩，所以有许多小孩在街道这边玩耍，尽管许多游戏设施设在住宅背后的公园里。居民开始觉得街道那一侧才是"后边"；最终，他们推论出街道一侧才起到了真正后院的功能。数年之后斯坦写道：那些房地产中介在潜在的买主到达之前，总沿着街道

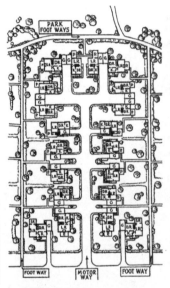

图66　左上：新泽西州拉德博恩具有代表性的死胡同式街道的平面，克拉伦斯·斯坦绘制于1928年

图67　上：拉德博恩的人行地道

图68　左：拉德博恩宅后通向公园的花园步道。摄于1986年

来来回回央求邻居们将街道一侧晾衣绳上的衣服取下来。[20]

　　斯坦意识到我们平常所认为的建筑正立面变得含糊了。[21] 然而，在建筑其他立面——面向公园的一面——即使很典型的前后门特性也会被抹杀。在公园一侧，每一个房主都拥有自己的庭院，这个庭院从房子边界开始一直延伸到公共人行道。在雷德朋市建立之初的 40 年间，协议明确规定了在这些庭院里应该或是不应该建设和种植什么。这些协议一旦到期，居民就开始用尖桩、链条围栏、树篱围起自己的领域。尽管斯坦认为这些区域常被当作前院来使用，但户外家具和烧烤工具的出现证明这是非典型的前院。几个月内公园一侧的庭院变成了美国人后院的样子（图 68）。雷德朋市如今最大的特色就是每户都拥有两个后院，却没有前院。

　　费城索赛蒂希尔的多层城市住宅遇到了同样的困惑。住宅正门对着中央法院，背面临街，中央法院仅有一个入口临街（图 69）。每一户住宅都有一个小巧、封闭、私密的庭院，从街上透过大门的缝隙可以看到庭院的内部。起初，庭院看起来像是前院，但它们实际上是后院，就像雷德朋市的住宅，院子里放着户外家具和烧烤工具。这种情形给过路人造成不便，某个星期天早上，谁又能知道敲门后来开门的人居然穿着睡衣。这些庭院其实像是后院——只是它们被放错了位置。

　　弗兰克·劳埃德·赖特，至少有一次，也忘了前后标志性领域的区别。1935 年赖特提出了广亩城市理论，许多评论家认为这是对美国郊区建设的准确预测。作为对其理论的附加说明，赖特做出这样的设计：四

图 69　费城社会山（Society Hill）城市住宅的背立面，带格栅的木门让行人若隐若现地看到院内的景色

个住宅为一个单元，建在每个地块的中央，住宅通过十字形界墙分隔（图 70）。在每个单元的屋顶上设有私人平台，用作室外野炊或是其他室外活动。这种新奇的建筑布局的意义是，每户人家，不管是从室内还是屋顶平台，都可以看到一片开阔的草坪，而不是邻居。赖特后来建议一些未建的项目采取这种布局，确实在宾夕法尼亚州阿德莫尔市规划了这种群聚式的方案，但是这个概念没有真正吸引公众。因为赖特忽视了美国人看重私密空间的习惯：没有哪个美国人在选择居住在郊区之后，还想自己的房子背靠三个陌生住户，而且还不得不在前院或是屋顶做烧烤。

许多的多户住宅项目缺少私密的后院，威胁到住户的尊严，尽管住宅密度低到足够容纳后院。联邦郊区安置计划中 1935 年建于马里兰州格林贝尔特市的项目就有此效果（图 71）。后院的缺失没法引起评论家的注意。纽约皇后区的"清新草原"住宅也是这样一个例子。芒福德认为清新草原"或许是大都会地区最好看的建筑"。[22] 和格林贝尔特一样，清新草原也没有后院，却有一种兵营里的气氛——兵营的特点是公共场地中间立着一栋建筑，而清新草原正是如此。兵营没有后院是因为，对于住

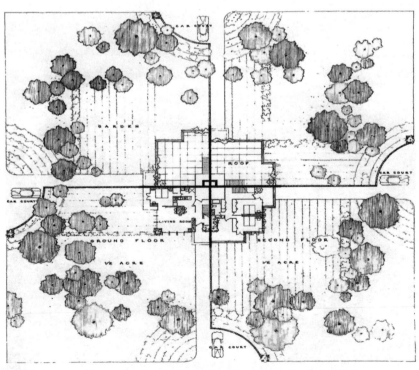

NORTH CAROLINA HOUSING
FRANK LLOYD WRIGHT ARCHITECT

图 70 弗兰克·赖埃德·赖特设计的四分宅

图 71　马里兰州的"绿带"，由哈利·沃克尔规划。建筑设计由道格拉斯·D·伊林顿与 R·J·华兹华斯于1935 年共同完成。图示为鸟瞰

在一起的士兵来说，保持隐私不可取也不被鼓励。

正面和背面的不同角色不仅在住宅中很重要，同样在商业建筑中也很重要。对于大多数零售企业，消费者往往会被正门前的标识和展品吸引而进商店。因此，装卸货物的地方和垃圾箱不被消费者看到是整个设计中的关键因素。在商店里，特别是小商店里，前门处的收银机和出纳员提防的眼神保证了商品不会因为未付账而被带离商店。因为这些原因，即使有后门的话，也经常是锁着的。

开发者在开发位于新泽西州哈德逊河边的小型购物中心时，忽视了这些必要的因素，最后租户否决了该设计。考虑到河对岸曼哈顿开阔的视野可以促进购物中心的销售，开发者将商店背对河岸，设计了大量的大玻璃窗，打开后门，就可以来到架设在河上的木甲板上（图 72）。在商

店的另一侧，有另一道门和同样的大玻璃立面，面对着停车场。

　　因为消费者都是从停车场来的，所以许多店主关闭了面向河水的后门，这样导致了购物中心的背面，虽然有良好的视野，最终成了混乱的空白、毫无吸引力的立面。有段时间，一个比萨饼店的老板成了唯一的例外。他将烤炉和厨房布置在整个商店的中央，正好位于收银台和一堵墙之间。那些付完账的，正吃比萨饼的顾客透过后门可以看到曼哈顿的美景。之后一个画廊入驻比萨饼店，店里依旧开着后门——大概是因为很难从敞着的后门带走一幅画而不被发现吧。其他的店主，锁了后门，在玻璃上刷漆或是用木板封住玻璃来遮挡改装的房间、仓库和员工浴室。

　　后门和后院很少在建筑师的设计中占据重要地位，仅仅是因为建筑师对正面更感兴趣。因此，就像哈德逊河边的购物中心一样，只有在事实面前才会意识到潜在的混乱。纽约城最具野心的战后区域规划提案也是如此，这个提案于1961年颁布，正好在西格拉姆大厦建成的三年后。西格拉姆大厦位于派克大街，由密斯·凡·德·罗设计（图73）。倡议将西格拉姆大厦严格作为未来大厦建设的模板。[23]

　　在西格拉姆大厦建成的20年前，许多美国建筑师和公共住房官员拥护采纳勒·柯布西耶服务于大型城市住宅项目的理念"公园之塔"（图74）。尽管柯布西耶表示他的塔是办公建筑，但是其他人却将其用作公寓，

图72　位于新泽西州边河镇的百货商店。图示为面对哈得逊河的后门

图 73 对页：西格拉姆大厦，位于纽约公园大道，由密斯·凡·德·罗设计建造于 1958 年。
图中显示了其广场部分在地块以北。由埃兹拉·斯托勒所摄

主要是因为附带的绿化带和开放空间可以用来提供消遣和娱乐。

公园中的高层制造了难以应对的问题。高层建筑施工过程需要大片土地，即使针对萧条的市中心市场，也是需要大笔的公款支出。政府机构不得不购买房产，清除旧建筑，封锁街道，然后才能开始项目建设。整个过程也制造了政治难题，因为被征地的居民自从被赶出来之后，对项目建设本身和对批准项目的政客存有敌对情绪，这种情绪时而在社区中弥漫。

西格拉姆大厦似乎解决了这些问题。建筑师、城市规划师和政府官员之类的人都看到：运用现代主义的"公园之塔"的方法，开放区域可以处于一个单独的城市街区中，也可以是街区的一部分。西格拉姆大厦实际上就是一个"广场之塔"。显而易见，这是对勒·柯布西耶初始理念的优雅转变。政府官员可以促进进步，提升现代派的建筑视野，同时他们不再需要直接干预而疏远大量选民。政府完全扮演了积极的角色，通过将责任转移到私人开发商上，使得不利的政策反应也一并转移。其魅力如此之大，以至于隐藏在西格拉姆大厦背后的美学观念促使纽约区域规划彻底翻新。

新的条例鼓励开发商在广场中建高层，来换取建更大的建筑容积率的奖励。这种额外福利迅速导致了使曼哈顿"广场化"的热潮。此番热潮之下，许多建筑师和城市官员忽视了密斯·凡·德·罗的巧妙设计。评论家曾经屡次将西格拉姆大厦描述为一个独立的塔，但是实际上它并不是。塔背后突出的低层建筑与街上相邻的建筑结合在一起（图 75）。这个低层建筑从视觉上遮挡了一部分侧墙和相邻建筑的后院，此举特别像妈妈把脏脏的小孩藏在她的裙摆后。

这种组合是可行的，因为西格拉姆大厦是个办公楼，不像住宅楼，不需要在所有可以待人的房间设计窗户，也不需为后院采光。当密斯原型到处使用时，特别是在高层住宅中，这些建筑必须远离相邻建筑以保证采光。在接下来的 30 年间，新的公寓大楼汹涌而至，破坏了纽约城市街景：独立的塔楼暴露出许许多多朴实的侧墙，还有那些从来不想被看到的后院。无意中使得西格拉姆大厦成为 20 世纪纽约城最具影响力的建筑。1994 年，由于受到来自公众越来越大的压力，城市议会取消了大部分地区的容积率奖励政策。

无法对后院破坏性影响进行预测，使得纽约走上了另一条精致的、始料未及的路。19 世纪初，随着城市向北迅速扩张，城市决策者决定将所有从格林尼治村到 155 大街的开放土地囊括到纽约城市版图中。1811年的规划中，专业委员会决定将曼哈顿扩大成一个巨大的网格（图 76）。因为大部分交通是南北向的，平行于岛的长轴，委员会规划了 100 英尺

图 74　上：一座当代城市的透视。由勒·柯布西耶于 1922 年所绘

图 75　左：西格拉姆大厦在 53 大街上的立面，左侧的底层部分向外伸到人行道上，将建筑与外部联系起来。由埃兹拉·斯托勒所摄

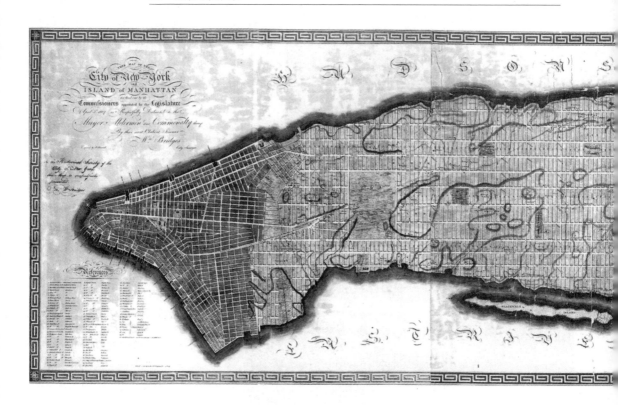

图76 纽约城1811年的专员地图。收藏于纽约历史社会博物馆

图77 纽约十三大道的后门

宽的南北向道路，60英尺宽的东西向道路。因为一些车辆要来回地横穿整个城市，于是一些窄的东西向道路周期性地拓宽：譬如说第14大街、第23大街、第34大街等。

较宽的城市道路往往吸引更多的商业用户。随着商业发展，对于大型的仓库、贮藏地和进出货装载码头的需求也增大。最后，处于较宽的街道

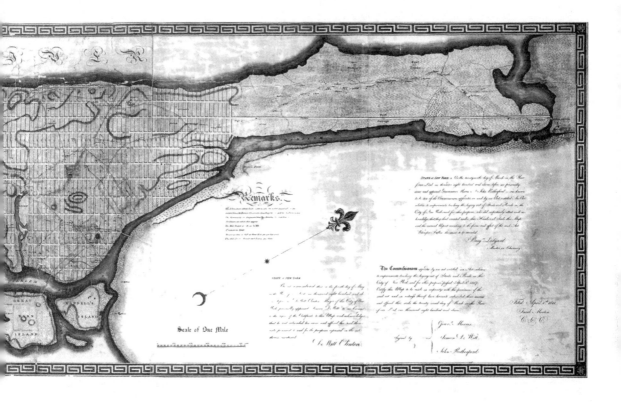

边上的零售商开始购买他们后面的地产，贯通起来作为装卸货物的后院。

　　这样，专业委员会的无意识结果，使得毗邻较宽街道的那些窄街道产生了更多的后院。毫不惊奇的是，随着空白无修饰的墙面的延伸，这些毗邻的街道变得肮脏，毫无吸引力。例如，第 14 大街，多年来是主要的商业街。结果，第 13、第 15 大街吸引力下降（图 77），其地产价值低

于紧邻的第 12 和第 16 大街，而且仅仅一个街区之隔。其他比较宽的穿越城区的街道也是如此。

杜奈和普拉特·齐伯克（Duany & Plater-Zyberk）1983 年在佛罗里达州锡赛德市（Seaside）设计的度假村迎来了一片喝彩。该设计采用了同样的方式，将商店扩张到整个街区，同样，也遇到了相对难缠的问题（图 78）。位于市中心的商店，因背对着周围建筑的正面，也渐渐丧失了吸引力。

正面，不仅是安置建筑的地方，也是我们放眼看世界的地方。我们想要看到经过的队列，同样也希望被他们看到。不管是从纽约萨拉托加矿泉城酒店的大阳台（图 79），还是从乡村住宅的大落地玻璃窗，抑或是从小镇的阳台（图 80），建筑的正面都是我们等待邮差、拥抱陌生人，朝经过的游行队伍挥手的地方。

门廊，虽然取自希腊复兴式建筑柱廊，但是其迅速融入美国文化中，就像在摇椅上我们放松思绪，在秋千上男孩会向女孩求婚那样。[24] 不论

图 78　佛罗里达州海岸鸟瞰，由杜安尼和普拉特齐伯克（Duany & Platerzyberk）规划于 1983 年。其商业中心被高速公路一分为二，在路靠近沙滩一侧的商业建筑向行人暴露出垃圾桶以及空调机，另一边这些东西则隐藏在建筑背面

图 79　上：美国酒店和沃尔登酒店，位于纽约州萨拉托加矿泉城的百老汇大街。摄于 1900 年。两个酒店在二战后都被拆除了

图 80　左:厄尔姆大街，位于北卡罗来纳州的兰伯顿。摄于 1910 年

图 81　右：前门廊。这种小尺度有着哥特式修长构造的小木屋，是玛莎葡萄园奥卡布拉夫露营地的典型木屋建筑。此图由斯蒂文·汉诺斯发表于《星期六晚邮报》(Saturday Evening Post)

图 82　下：迈阿密旅馆的前门廊。摄于 1994 年

是公共的还是私密的，门廊成了看世界的地方，与邻居和陌生人交流的场所，雨天可以消遣的去处（图 81）。

当门廊在不再流行时，那些在玛莎葡萄园橡树崖的哥特复兴式建筑在建成的 130 年之后似乎仍然具有其特色。夏天的时候，这些门廊，尤其是面对道路的，挤满了来岛上度假的人，为的是远离喧嚣、人群和汽车。同样的，在迈阿密滩，尽管多数旅店距拥挤的街道只有 15 英尺远，但旅店门廊处仍然一年到头都是人（图 82）。

在美国，住宅几乎都面向道路。尽管汽车车窗和空调将司机遮掩起来，但是途经的旅客和那些坐在路边的人之间的共生关系是非常真实的。整个国家，尽管有大量的可用于建设的土地，许多房屋仍旧选在靠近路边的地方。在乡下，房屋离街道更近，这不仅仅是降低扫雪的花费和长期公共事业运行开销所能解释的。蒙大拿州的电力和电话公司，提供长达几百英尺的免费安装服务——这比从道路到人们住的地方要远得多。沿着洲际高速路旅行，可以发现在高速路建好之后，房屋依然被建得靠近街道——雷鸣般的车流一览无余（图 83）。虽然后院是私人的领域，整个美国前院和前门都面向街道、面向公众，正因为如此，产生了不一样的结果。

图 83　宾夕法尼亚州
西部 70 号州际公路与
临街住宅的关系

第3章

从住宅到街道

道路必然会大发展，试图跟得上需要服务的正门。

勒·柯布西耶

《勒·柯布西耶作品集（1934～1938年）》

在美国，正门和道路是相伴而生的。因为正门是我们放眼看世界的地方，并向世界展示我们做得有多好，我们向世界越清晰地展示正门，就越容易传达这个信息。

自从发明汽车以来，正门和道路间的关系就引发了建筑界的困惑。因为正门引发活动，因此正门越多，它们激发的生活就越多。但是越多的正门意味着越多的街道；越多的街道，就意味着越多的汽车。科拉伦斯·斯坦（Clarence Stein）和一些专家从1920年代末就开始意识到，汽车有潜在的危险，而且，整个美国越来越多的新街道网络和高速公路预兆着传统的城镇步行系统的瓦解。

随着汽车相关的危害扩大与汽车破坏力的增长，建筑师和规划师企图将人与车分离——这确实是一个艰巨的任务，因为分开两者似乎必须要打破历史上正门和街道间的纽带关系。在过去的60年里，建筑师和规划师尝试创造了无车区域、视野走廊、林荫路和步行街，这些探索都源自三个前提：汽车是不好的；一个以步行为导向的积极环境是好的；以及如果能简单地找到正确的准则，那么就可以创造一个积极的没有街道和汽车的正门环境。

但是到了1961年，简·雅各布斯（Jane Jacobs）间接地论证了正门和车行道间的强大联系。她在《美国大城市的死与生》（*Death and Life of Great American Cities*）中写道,格林尼治村比曼哈顿上西区有更多的书店。[1]

她解释说，这种差异的出现，不仅是因为在曼哈顿上西区没多少读者，还因为格林尼治村是个更有趣的散步地点。雅各布斯认为格林尼治村的吸引力，部分源自其不规则的街道形制和较小的街区尺度，大众愿意在这里购物游览。较小的街区意味着拥有更多的转角，而且转角显然是较好的零售场所，理想的商店选址地，其中一些就建有书店。

然而，越多的街道转角意味着越多的街道，比较格林尼治村与曼哈顿上西区的可建设用地可以印证这个说法。格林尼治村每英亩土地中实际地块所占有的用地比例非常小，而车行柏油马路却很多，它也是纽约最好的步行区域——具有讽刺意味的是，在适当的条件下，车行道的增多事实上非但没有减少，反而增加了行人活动的可能。

开业于1931年的洛克菲勒中心，更好地印证了车行道对于激活行人活动的强大力量（图84）。这个位于曼哈顿中部的综合体，占据了从第五大道至第六大道的三个完整街区，如果不是它的最初设计者雷蒙德·胡德（Raymond Hood）在综合体中间插入了一条平行于大道的狭窄车道来减小它的尺度，它无疑会大得过于沉闷。

在项目公布的时候，高收入的纽约人并不愿意向西越过第五大道，进入城市中充斥着老旧公寓大楼和破烂酒吧的地方，而且第六大道增加了一条轨道线。因此，胡德设计的建筑综合体，主要的步行入口位于第五大道上，这是一条长长的林荫道，两边布满商店。这条步行街通向下沉广场，继续延伸到综合体中最重要的大楼，洛克菲勒中心30号。但是到达这栋楼前，步行道必须穿过胡德新规划的车行道。

委托人强调了将消费者吸引到综合建筑群的重要性，考虑到这点，将一条步行街直接延伸至中心最重要的建筑似乎看起来是最完美的解决方式。这样的设计利用通向洛克菲勒中心广场30号的车行道，将人流引向中心的侧入口。连接第五大道的步行街这一大众诉求，使得插入一条南北向车行道的设计手法显得更加卓越，那个时候人车分流的概念正变得越来越流行。

回顾过去，可以看到，一条步行街减弱了洛克菲勒广场30号正门的标志作用。步行街正对广场，促使乘坐出租车和豪华轿车的乘客都只能在其他地方下车，这样就减少了入口处的活动。简·雅各布斯认为洛克菲勒中心这条额外的街道创造了"流动性"[2]，通过提供更多的选择，创造更多的正门和机会。

建筑评论家很少关注车行道和正门间的关系。例如，1941年，知名历史学家西格弗莱德·吉迪恩完全忽视了洛克菲勒中心插入的那条车道，

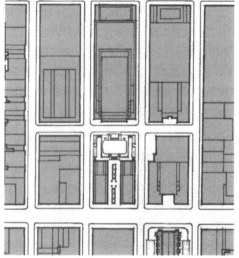

图 84　洛克菲勒中心，位于纽约市，雷哈德与霍夫麦斯特，科比特、哈里森与麦克穆雷，胡德·富尤设计建造于 1931 ～ 1940 年。左为平面图；上为鸟瞰视角。纽约区域规划协会

认为"整个基地上没发现什么新颖有意义的东西。用地规划很平淡"。[3]
建筑史学家威廉·乔迪（William Jordy）言辞更激烈，1972 年他建议洛
克菲勒中心取消那条私自设计的车道，这样中心会发展得更好。[4]

许多建筑师也常常忽视正门和街道间的联系。《向拉斯韦加斯学习》
的合作者之一史蒂文·艾泽努尔比较了 1960 年代和现在的史翠普街道
后发现[5]，拉斯韦加斯人口的不断增长引起了许多变化，最大的变化是
人行道和车行道的明显增多。为了减少拥堵，艾泽努尔和建筑史学家戴
维·A·达希尔三世Ⅲ（David A. Dashiell Ⅲ）提出了几点措施，包括减
少交叉道路，增加联运交通，多选道路，限制高峰路段车辆。

所有这些措施都会削弱车辆之间的联系和依赖它们而形成的商业氛
围。如果车辆被限制停在其他道路——也许是那些通向建筑"凌乱背后"[6]
的道路——正门将会跟随这些车辆转移。随着正门的转移，霓虹灯标志
也随之移动。史翠普街将变得暗淡，因为正门的转移而失去活力。就像
亨特·汤普森的小说《恐惧拉斯韦加斯》中的人物一样[7]，美国人想要开
车到达任何地方。史翠普街道上车行驶得再慢也没关系——我们去那里
就是为了看灿如星光的霓虹灯。如果我们想快点走或是想看夜晚的星空，
我们完全可以选择黑暗冷清的道路。

正是大量的车行道，特别是慢车道，赋予一个地区可观的规模和特色，
就如波士顿的比肯山和迈阿密的椰树林。曼哈顿的格拉梅西公园，是一
个不太知名的景点，它显示出了一条额外的街道是如何为周边带来活力
的（图 85）。格拉梅西公园是一个类似于伦敦西区的住宅广场的微型广场，
四周被建筑的正门包围，造就了广场的围合感。这些正门的产生，正是
归功于这条名为莱辛顿大街的行车道，它插入到第 21 大街和第 22 大街
之间并分成了两段。[8]这条额外的街道在概念上类似于詹姆斯·奥格尔索
普在 1733 年为佐治亚州萨凡纳市所做的著名更新规划中的一个模式，这
个模式为一个小公园带来了生机。尽管存在这么多案例证明人行系统的
优势，然而对于多数 20 世纪的建筑师和规划师来说，公开倡议建造更多
的车行道来使道路达到宜人尺度这种观点仍然显得离经叛道。

相比增加车行道，许多美国建筑师在 20 年前反而倡议取消机动车道。
他们尤其要求将一些城镇的商业街禁止向机动车开放。它们认为取消了
机动车，这些步行街将使衰退的零售业重新恢复生气，重新吸引原本已
向郊区流失的消费者。这些被选择的街道借助花岗岩卵石、树木和长凳
迎来新生，取代了原本的沥青路面。

如今，一些自治区取消了这些特色，恢复了机动车道。[9]步行街不太

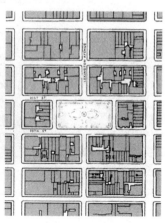

盛行的原因颇具启发性。最初这个概念流行的时候，商人和房主频频向当地政府请愿封闭车行道。然而这样就意味着商人不得不在营业时间之外安排装卸商品，这种做法无疑增加了运营成本。另一种做法是他们把商店背后的服务区面向机动车道开放，多数情况下他们选择这一种。与此同时，步行街消灭了店铺门前的停车位，使得停车空间更加稀少。在纽约伊萨卡，迈阿密滩的林肯街购物中心这样的地方，将街道改为步行街后，为了缓和停车空间的紧缺，会在毗邻的街区设计停车库。这些新的停车楼附加到这些商铺之后，背面的服务空间只会更加冷清，使步行街看起来就像是隔离在后院、车库之外的孤岛。

　　这种隔离状态在新泽西州开普梅市的一个小镇里非常显著。1971 年，小镇将三个街区长度的商业街改为步行街，在视觉上保留了街区的维多利亚风貌（图 86）。然而步行街不但没有唤起 19 世纪晚期的海滨乡村的记忆，更使开普梅市为这个决定付出了沉重的代价。在步行街两侧是两条宽阔的机动车道，斜向停着汽车，排列着一些垃圾桶，道路两侧是 20 世纪晚期风貌的低密度带状商场（图 87）。开普梅将两个街区改造成了人造的维多利亚风格，这本来是应该避免的。一些商人，为了吸引步行街后面车行道上的消费者，安装了后门，即使这导致了额外的开销与安全隐患。

　　正门和街道不仅引发活动的产生，在美国它们也标明了公共领域的边界。当我们期望正门面向街道的时候，我们就在假设街道是公共所有的，除了它被明确定义为其他用途。正门和街道间的联系如此之强以至于当正门面向的不是街道的时候——譬如在大型购物中心——我们很难相信

图 85　格雷玛茜公园，位于纽约市。上图为平面；上左图为前门

图86 上：位于新泽西州
开普梅的一条步行街。摄
于 1993 年

图87 右：毗邻步行街的
一条车行道。摄于 1993 年

这是真正的公共区域；这似乎更像到了半私密的环境中。

相反，我们不希望后门对着公共区域。后门对着后院这种私人领域
的观念如此根深蒂固，以至于最有力的建筑学手段也无法战胜它。例如
巴尔的摩市的费尔斯波因特海滨，散步道两侧都是房子的后院，可见这
种观念如此深入人心。房子的背立面上新建的门廊、精致的细部，看起
来特别像正面（图88），一排铁艺栅栏隔开了后院和毗邻的砖砌小路。这
边是像正面的背立面，而另一边紧邻泊着船的海岸，说明这条路是公共的。
然而，当人们在这条散步道上溜达的时候，渐渐会有种闯进别人家后院
的感觉。住户们随时都可以推开后门，乘船去享受更私密、更惬意的生活。

加利福尼亚的州律法规定所有的海滩都是公共的。然而在没有街道
定义边界的社区，毗邻海滩的房主总想将它私有化。马利布高档社区中，
房子的正门正对着太平洋海岸线公路或一条街道，后门则挨着太平洋海

图 88　上：位于巴尔的摩菲尔角的步行道。图中显示了这些房子背立面的建筑细部

图 89　左：位于加利福尼亚州马利布太平洋海岸高速公路沿线的住宅

滩。一栋栋房子像罗马军团一样比肩而立沿着街道延伸开去，迫使人人都得绕过由栅栏、墙壁和建筑组成的严密方阵才能到达海边（图 89）。房主们竭尽办法阻止频繁的游客到海边游玩，因为他们知道这里没有明确的街道来界定私人领域，一些到海滩的游客确实会偶然闯进他们的私人后院。

　　人们这种坚信后院是私人领域，正门前的才是公共区域的观念，使得最近的一些地区规划政策无果而终。例如，随着商人离开老旧的城市滨水区和工业码头，在高速公路可以方便到达的郊区另辟土地之后，市民们开始开发滨水区作为新用。为了吸引公众，许多城市也开始要求商业和住宅开发商贡献出一部分滨水区，留作公园、游船码头等娱乐场所的用地。政府意识到了如果没有相应政策的介入，大量滨水区将会被私人占有。

　　这看似坚不可破的政策偶尔会与根深蒂固的价值观相抵触，就像在新泽西边上的哈得孙河上所发生的那样。哈得孙河的开发商一如既往地想要将曼哈顿岛景观这一最佳项目优势充分开发，因此为了将这种风光独留给那些付高价住在河边的人，他们总是将项目圈起来，防止公众进入。随着这种做法变得愈加明目张胆的时候，新泽西州政府要求开发商在水边开放 30 英尺宽的公共通道作为其他新项目的一部分。但是当法案一通过，项目内外的众多开发商就开始利用自己非凡的聪明才智去颠覆法律原本的意图。一些开发商完全无视这一要求，另一些虽然修了公共步行道，却安装了大门，装了带钩刺的电线，或者任由杂草蔓延（图 90）。在一个大型项目中，开发商甚至将要求的步行道建在了自己的建筑里。新律法实际上使原有问题更加恶化，由此诞生了许多有缺陷的项目，其中一些还引发了激烈的对抗和诉讼。[10]

是什么鼓动开发商阻止或至少是不鼓励公众接近滨水区，是项目的定位，所有的项目的后院都面向河流。不论是什么规则，这些后院都是私有的。不然，守法的公寓居民缺少一条街道来隔开后院和河水，就会开始积极游说当地官员停止实施穿过他们后院的公共通道的项目。新泽西州政府敦促改进设计，一些公共利益组织也上诉。

新泽西州发生的事情并不是个例。这个政策设立的时候确实忽视了这些问题，1993 年纽约颁布的滨水区律法与新泽西州的十分相似，缺乏划定公共空间的街道遗留了冲突发生的隐患。猎人角（Hunters Point）一个沿着东河皇后区岸边开发的大型项目（图 91），迫使散步的人穿过许许

图 90　位于新泽西州北卑尔根洛克港步行道路的入口

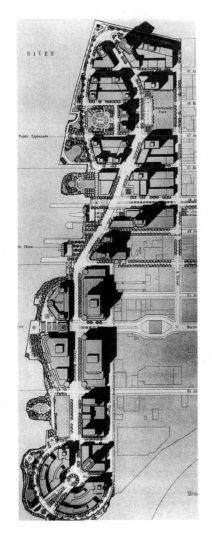

图 91　左：纽约皇后昆西地区的总平面图，由格鲁齐·萨姆顿与拜耶、布兰德、贝利于 1994 年设计

图 92　下：蝴蝶公园，位于纽约城

多多直接毗邻河水的后院。纽约炮台公园的城市散步道也同样引起歧义，虽然往往是无意的（图 92）。没有街道，大多数建筑将边界扩到滨水步行道。炮台公园勉强依靠其大量的人流战胜了这种模糊性，蜂拥而至的游客冲淡了散步道排外和私密的氛围。

亚特兰大城著名的滨水木栈道似乎是个例外，栈道紧挨着建筑，面向散步的人们开放。但是狭窄的车行道截断了木栈道，如今这在大部分地区是不合法的，因为消防车和其他紧急车辆都无法在尽头掉头。但是如果将街道加宽能使车辆掉头的话，那么许多挨着木栈道的建筑物都得被拆除。

因为大多数木栈道旁的小店不挨着机动车道，商人将垃圾倒入在街

图 93　车行道末端的
木板小路

尾的垃圾桶里（图 93）。大型娱乐场所和旅店有更多的前门，一些面向木
栈道，另一些面向街道。它们的垃圾通常会放置在这些街道上。简言之，
步行木栈道导致了前后门关系的混乱，街道旁的垃圾使混乱更加严重。

　　没有街道来限定边界，区域的公共和私密就变得暧昧不清。之前提
到的佛罗里达州锡赛德市，很好地说明了这种现象（见图 78）。沿着墨西
哥湾海岸高速公路的锡赛德市以其社区的氛围而广受赞扬：形制相似的木
屋，锡制屋顶，尖木桩篱笆，所有这些特质都彰显出屋主们共同的价值
观念。第一批居民来到锡赛德的时候，在海岸一侧的道路旁建造了鳞次
栉比的阁楼，向海滩一侧逐渐展开。阁楼之间是开放的沙滩和海滩水草。
这种"特殊的区域"留作将来发展之用。

　　如今，这个地方到处是短期的租赁式公寓，前门面向道路、后门面
向海滩。这种布局，和马利布一样，模糊了边界，而不是简单地将海滩
界定为公共区域。在锡赛德，位于海滩沙丘之上的公寓，将自身和下方
游客区别开来。尽管如此，公寓的主人一直将墨西哥海湾视为自己的私
人领域，而不是可以与住在高速路对面的人共享的公共设施。

　　与锡赛德形成对比的是在玛莎葡萄园岛的奥克布拉夫斯市的野营区，
建筑形成了非常明晰的社区边界（图 94）。野营公园属于所有人：一条窄
道划分了公园和房屋，草坪起始和结束的位置都很清晰，因此，自然而
然地，房屋的正门便开向街道和公园。

　　这种模式在马里兰州牛津市形成了一个狭长的公共海滨公园，一条
小路分开了独栋住宅和切萨皮克湾沿岸的草坪带（图 95）。从更大的尺度
上看，芝加哥市的密歇根湖湖岸线（图 96），是美国著名的水滨区之一，
用一条远长于其水岸线长度的街道将公园和建筑分开，与上述的分隔方

图 94　左：正对公园的前门

图 95　下：正对切斯皮克湾的住宅，马里兰州牛津

式相似。芝加哥风景如此动人，城市天际线紧压着绵延伸展的密歇根湖岸线，以至于规划师凯文·林奇（Kevin Lynch）都想知道当为芝加哥作画时，难道有谁还会不先画一条简单的绿线在纸中央呢？[11] 这说明如果湖滨大道和其他滨水道路没有清晰地描绘出城市和湖滨地带的边界，那么这条线的分隔效果将会大大降低。所有这些例子中，公共区域和私人区域非常清晰：以街道为界限，正门在街的一侧，公共区域则在另一侧。

　　由于机动车道在界定公共区域时效果显著，1992 年，在我公司负责的一个城市设计项目中也采用了此种做法，该项目是重新激活新泽西州霍博肯市境内的哈得孙河滨河区域的活力，我们提议延伸霍博肯市的网格系统，规划与原有街区相似的新街区，并沿河边新增一条城市尺度的街道（图 97）。[12] 街道一侧是休憩广场和公园，另一侧是建筑的正门，排除之后开发项目的干扰因素，这样布局为滨河区域提供相对独立安全的

图96　伊利诺伊州芝加哥的湖滨地带，摄于1930 年。这座城市紧邻宽阔的公共水域，这一特点解决了许多公共设施的安放地点，其中包括铁路站场、一个市政足球馆和一个康复中心

活跃区域，同时也可以避免后院被打扰。[13] 车行道清晰地界定了公共区域，但是新增道路上的停车标志和信号灯不鼓励联运交通。市政府官员通过了滨水规划的一半，剩下的还在商榷中。

在说明正门和街道而非后门更能代表公共区域这个问题上，没有地方比迈阿密南海滩更有说服力了。滨海大道有很长一部分是作为沙滩和众多面朝大海的艺术装饰酒店的分隔边界（图98）。这些酒店的复兴和随之而来的该地区经济的复苏是过去十年里迈阿密的成功案例。滨海大道上布满了咖啡馆和露台，人们从正门那一侧出来后，去往另一侧的海洋公园和沙滩，在街上来回涌动。

在大洋路，一种不同的布局形式证实了正门和街道的协同作用之神奇。在沙滩的南端，一片公寓大楼隐约进入视线，这座大楼建造于第二次世界大战之后，坐落于街道的外侧（图99）。这些大楼正门对着大洋路，后门对着大西洋。大楼背后的沙滩尽管是公共的，但仍旧人流很少。最重要的是，正如人流活动强度一样，街道内侧的老建筑恢复速度也降低了。迈阿密海滩和大洋路如果想要成功，就必须要将正门面向沙滩开放。

虽然司机不愿在大洋路边上的酒店和咖啡馆门口停车，但是来来往往的车辆说明了我们希望开车经过正门。正是由于同样的原因，类似于开普梅这样的步行道，尽管拥有很少的停车空间，人们仍希望能开车经过商店，这似乎看起来是相互矛盾的。一条街或许拥挤狭窄，停车的空间很少，但是象征性的，我们还是要经过商店门口。正门前的车辆不仅暗示了活力，也证明店里生意兴隆。在《了不起的盖茨比》一书中，斯特·菲

茨杰拉德指出，在盖茨屋子里聚会的夜晚，"在车行道上里里外外停了五排车，大厅、客厅和阳台涂了简单的颜色，方便人辨识"。[14]

　　汽车离正门越近，我们越喜欢，哪怕是一时半会儿。这也是英国建筑师埃德温·勒琴斯爵士（Sir Edwin Lutyens）的设计与美国人产生很大共鸣的原因。勒琴斯设计了许多英国乡村住宅，每座都有宏伟的沙砾铺就的车道直通向正门（图100）。这些车道已经在美国住宅中消失了，同时消失的还有其特色——穿制服的男管家在门口迎接那些从他们锃亮的大汽车上下来的贵宾。之后，汽车司机将车开到汽车库，远离人们的视野。弗兰克·劳埃德·赖特有时会利用入口门廊来营造同样的感觉（图101）。入口门廊将车引到正门前，而且在赖特的设计中，在屋后有一个车库用来停车。在美国，门廊有时候用来把我们带到上帝面前（图102）。

　　我们将开车到门前与停车在门前区别开来。如今的入口门廊就暗示着人们需要在其他地方停车。例如我们从来没看到，也不敢想象白宫会有停车场，只能看到贵宾在白宫北面的门廊处下车。与此相反，我们感觉到一个住宅项目是为那些低收入人群设计的，可能仅仅是因为前院只是一个混凝土停车垫子，导致车主没别的地方去停车（图103）。

　　类似车库这种长期停车的空间，是应该属于后门的功能。因此在许多美国现代郊区住宅中，当车库被设计到了房屋正面时，它的符号学意义就会显得混乱不清。就像斯喀利（Scully）所说的："20世纪的住宅希望将道路直接引进大型停车库中，将那些瞪着大眼睛的生物珍藏起来。"[15]更重要的是，在住宅门前停车的情况越来越普遍，而且相较于住宅的尺度，

图 97　对页：新泽西州霍伯根概念规划图的模型。其中的亮色建筑模型代表了新建建筑

图 98　左：迈阿密海岸的湖滨大道

图 99　下：湖滨大道南望，显示了街道沙滩侧的公寓

图 100 左:格雷·沃尔斯的入口,苏格兰吉伦,埃德温·勒琴斯,1900 年

图 101 上:赖特设计的妇女之家的草图。其宽阔的门前车道暗示了这座宅邸造价不菲,该建筑价值 7000 美元

图 102 右:柏林顿的三一教堂

图 103 东纽约城的尼赫迈亚宅，摄于 1985 年

停车占的空间很大，后门的功能渐渐移向了前门。很少有建筑师能成功解决这种功能的模糊。

勒·柯布西耶于 1927 年在嘎尔什设计的一幢别墅中，似乎解决了这个问题，这也使得整个别墅，尤其是其正立面设计让美国建筑师十分着迷。立面包含三部分：正门、车库门和后勤入口（图 104）。勒·柯布西耶将出入口车道的轴线对准了服务入口，而不是正门，这种构思对美国人来说显得非常奇怪（图 105）。立面的出众效果来自于两个出入口的设计，它们左右对称，但是高度和雨棚大小却完全不同。当摄影师离开，货品、商人还有垃圾重新出现在服务入口处，车库的大门也会时常开着，这种立面的张力依赖于我们对于这些的忽视和忍耐（图 106）。

尽管我们尽了最大的努力来减少这种影响，但是一个对着郊区街道大开着的车库门仍然向世界展露了那些本应该在后院的东西，诸如猫粮、自行车和草坪养料。在美国，车库的买卖等同于房主对于无用的个人用品的买卖（图 107）。拥有政治权利的社区实施了一些条例来限制对着街道的车库门敞开的时间。

弗兰克·劳埃德·赖特在 1930 年代到 1940 年代设计建造的"美国风"住宅中，有些将车库毗邻正门而建，在这个时期拥有汽车仍然暗示着现代化和相对的富裕。但是汽车很少出现在住宅的照片中，因为汽车的出现表示房主没能力将它停在别的地方（图 108）。

罗伯特·文丘里在众多美国建筑师中是独特的，因为他尝试给予车库符号学意义。文丘里在一个项目中将车库门居中布置以凸显它的重要性；在另一个项目中，车库地面以昂贵的块石材料铺装。更典型的

图 104　顶部：勒·柯布西耶设计的维拉斯坦宅的正立面

图 105　上：维拉斯坦宅前的景象

图 106　左：维拉斯坦宅的正立面

图 107　左：俄亥俄州哥伦布的现场旧货出售

图 108　下：赖特于 1939 年设计的温克勒·爱荷华宅。尽管赖特在这一时期的设计为停车区域考虑得很周全，但是关于他作品的照片中却很少出现汽车

是，美国人会将其最突出的建筑特色体现在汽车暂时停留的车道上，而非车库内外，因为车库属于后院的功能。我们通过两个步骤来彰显回家这一行为——离开汽车，进入房屋，因此房子的主人用路灯、铺路石、树篱或栏杆来标示停车的地方，此外还在正门附近装饰些有特色的东西（图 109）。

　　在土地广阔的郊区，很多车库的大门往往设计在房子的侧边，这样就在符号学意义上消除了前后门之间的冲突，汽车也能直接从路上开进车库，后院就省却了车库的功能。文丘里将此手法运用在一个未建成的住宅区项目中，项目基地位于一条长长的街道尽头，业主们希望明确划分彼此的领地，否则也按照惯例将车库放到正门附近（图 110）。侧墙将车库推离了正立面，也使建筑的体量感更加明显了。但是这种从建筑侧

图 109　右：宅内车行道旁有路灯的住宅，俄亥俄州哥伦布

图 110　下：费城的细分主题，由文丘里与洛奇于 1972 年所做。顶部图片为平面图，上图为剖面图

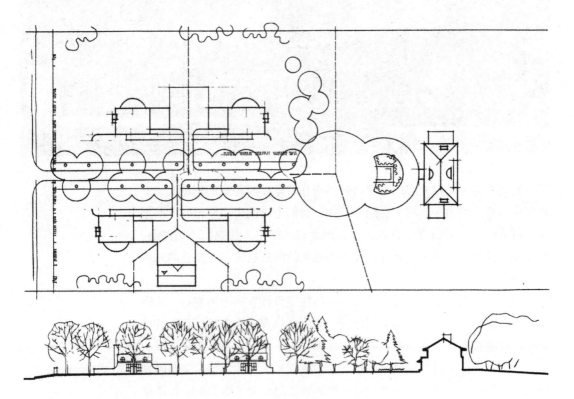

边进出的车库，需要一条额外的车道，还需要预留更大的空地来让车转弯开进车库。这意味着更高的地价和更长的使用时间，因此这种侧方车库成为住宅中典型的高价部分。

迪士尼主题公园同样掩藏了车库，还暗示着车可以直接开到正门处。自从 1955 年第一个迪士尼乐园在加利福尼亚州阿纳海姆开放以来，这方面的体验就使人们感到困惑。查尔斯·摩尔认为迪士尼乐园是 20 世纪美国最好的规划之一 [16]，开发商詹姆斯·路斯也认为它是"当今美国最伟大的城市设计"。[17] 就像在一个庞大的购物中心一样，人们在离开停车场之后才标志着旅途的正式开始。所有迪士尼乐园的第一站都是美国中央大道，它也是公园的核心区域（图 111）。丰富的建筑细部和微缩模型将街道整合为一个紧密的整体，唤起人们对美国小城镇的记忆。人行道、路缘石和柏油马路表明了中央街道是条机动车道，但是就像在勒琴斯的照片里的车行道和赖特设计的车棚一样，汽车却在其他地方。中央大道上，或者说公园唯一的机动车就是有轨电车，载着游客到各处游览。

在迪士尼乐园中，人们除了有"车能够通过中央大道前往正门"这种错觉，也会感觉到后院的功能已经消失了。其中的商店和展览紧凑地

图 111　美国迪士尼乐园的主街，游客入场时的集散地

组织在一起，而那些维系公园正常运行的管线、传动装置、车库、仓库和职员更衣室均隐藏在了游客的视线之外（图 112）。这些幕后的功能需要大量的土地，然而正因为它们从不被看到，因此也不会对这个奇幻世界有所干扰。餐馆、游乐设施和纪念品商店都从看不见的背面获得补给，游客则在由一个个正门包围的世界中尽情游览。

相比起以往的这种模式，佛罗里达州的迪士尼乐园将它的后院隐藏得更加彻底。这里没有用门禁和栅栏来隐藏服务设施，而是在公园地下装设了蜿蜒绵长的地下通道。食物、货品、垃圾和职工通过这些地下通道来来往往，最后到达各自的目的地。米奇和高飞按照表演剧本从角落里、小门里神奇现身又突然消失不见，留下游客在这个被正门严密包围的世界中惊叹不已。

这种服务通道的概念，其实在迪士尼乐园出现之前，就被许多城市规划师坚信是解决真实城市问题的可行方法。早在 1910 年，欧仁·埃纳尔（Eugene Henard），巴黎城市规划的主设计师，就在大力推行他所设想的现代城市的模式：城市建筑是坐落在各种服务管道构成的巨大地下空间之上的（图 113）。[18] 埃纳尔画出了一些典型的城市剖面图，在这些图上，电车、垃圾车和煤车在街道下面各自的轨道上来往穿梭，隐藏在人们的视线之外。这种用服务通道来构建城市的设想显得如此有智慧，以至于 20 年之后，城市管线系统的提倡者们表示，城市设计就是布置基础设施的一门艺术。1950 年代，建筑师维克托·格伦（Victor Gruen）在提出了真正意义上的服务管道网络，这个原本计划应用在德克萨斯州沃思堡市中心规划中的方案，却无果而终。[19]

迪士尼乐园诞生的时候，城市规划者对这种服务通道的兴趣再次爆发，然而这次依然没有什么成果，因为服务通道的投资费用很高，因此只有在密度像迪士尼乐园这么高的城市中应用才显得切实可行。对于这个国家的其他地方来说，服务管道也只能作为一种城市"巨构"幻想存在罢了。此外，正如迪士尼乐园中所显示的那样，这种解决方式其实并没有真正消除后院的功能，而只是将它们放置在对外部活动干扰最小的地方，这也是我们的价值观念期望其所在的地方。如今之所以陷入对迪士尼乐园服务通道系统的热爱，也许是因为许多美国城市已经找到了一个将后院功能与街道连接的更便宜的工具，那就是小尺度的巷子。

第二次世界大战之前，小巷子是美国许多城镇的共有特点，如今可能会再次被人们重视，因为它为一系列新的城市问题提供了出路。小巷子可以使人们从正门注视来往的人群和车辆，同时使没那么光鲜的服务

图 112　右：迪士尼乐园的服务
大门，游客入场时会走的地方

图 113　下：未来多层街道的
剖面。绘制于 1910 年

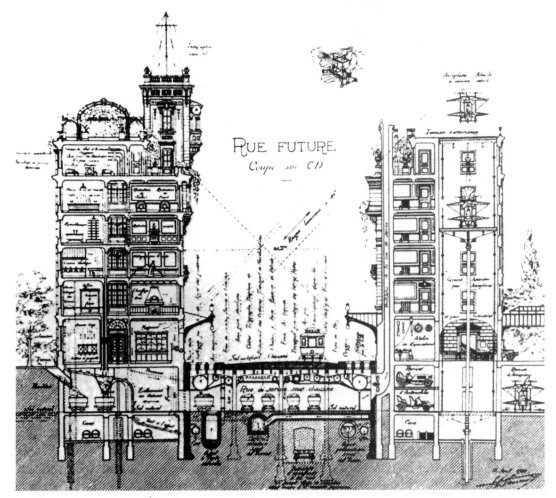

功能留在房屋背面。卡车送货和垃圾收集都可以在小巷进行；马车棚、马谷仓，以及后来出现的车库都可以被安置在那里。

小巷有个标志性的角色：它们相对于街道就如同后门相对于正门。作为街道的对立面，小巷引发了人们对美国黑暗一面的想象。在西方电影中经常出现的斗殴场面往往爆发于酒吧正门，又或者是脏乱的主街，最后的枪战——正义与邪恶一决胜负的场面——也总是发生在大街上，但是使用匕首的战斗常发生在小巷中。"猫巷（alley cat）"不是溢美之词，美国的小巷也被认为是犯罪的滋生地，还有伤风化，就像地下酒吧和禁酒日的锡盘巷音乐一样的存在。1946 年的一部动画片将哈里·杜鲁门描述成落魄的小公爵，被那些横行霸道者所欺辱，其中有段台词是这样的：

> 看看现在的小杜鲁门，
> 落魄不堪，衣衫凌乱，
> 误信他人，才致如此，
> 明知如何成为一个好学生，
> 但在学校之外的小巷，
> 从来没有黄金准则。[20]

即便这些巷子都被门封住，美国人也会觉得里面很危险，因为我们是在正门接待客人的。从小巷子进到屋子里，感觉就像从后面突然跳出来一个人那么突兀。这种观念一直在延续，即使从窃贼的角度来想，从后门进入房屋会更容易引起住户的警戒——因为相比于房屋前面，人们更有可能在后面吃饭、做家务，或是在看电视。在电影《贝弗利山奇遇记》（Down and Out in Beverly Hills）中，一个富豪发现了他家屋后小巷中一个捡垃圾的流浪汉，于是出于好心把他从后门带到家中，结果流浪汉却给这个家庭带来了灾难。在电影结尾，这个流浪汉又从后门离开了。

矛盾的是，尽管巷子有不雅的名声，但是美国人仍将巷子里的某个建筑部分视为主建筑的昂贵附属品。客房，马厩，工作室，和小屋这些设置在房屋后面的功能往往都意味着富裕，或者至少是一种提供再次抵押的方法。

小巷里的建筑引发了一种在美国经常缺失的建筑复杂性。如果真正的正门在它该在的地方，处于地块的前面，那么暂时不考虑符号学意义的话，小巷建筑也应该在一个立面上有属于自己的正门、车库门、放垃圾的地方，以及房屋的后门。就像勒·柯布西耶的嘎尔什别墅一样，许多功能集中到一个立面上。

图 114　纽约市第五大道边的华盛顿马厩巷

　　就像苏格兰格子呢，巷子营造出沿街建筑在不同尺度上的复杂交织，如同剧中剧一般。位于纽约第五大道下游的华盛顿马厩改造区，是条典型的老巷子，内部两层高的小巷建筑夹杂在周围的高层公寓中（图 114）。它所处的街区夹在曼哈顿路网中不同的两种规划中，因此显得尤其不规则，南边是下曼哈顿早期规划的方格路网，北边则是"1811 年委员会地图"的规划模式。这个巷子中曾经服务过周边城镇房屋的马房，如今成为纽约大学的小型宿舍和办公楼，赋予了这个巷子前门—后门的特点。即便巷子里的建筑被四五层的联排住宅包围，街道内外在路网尺度上的变化也是显著的。但是如今，就像在百货商店橱窗中展示的小型圣诞陈列一样，第一次看到这些小尺度建筑的人都会惊奇不已。尺度上的剧变也发生在了许多老街区的建筑形态上，像是波士顿后湾和华盛顿的乔治敦住宅区。

　　除了建筑学方面的功能，小巷子也有经济意义。地块越窄，意味着每栋建筑的基础设施成本越低。小巷子将带车库的独户住宅街区一分为二，相比那些小巷子被一侧的行车道取代的街区，能够容纳更多的居民。因为巷子的存在而产生的额外土地费用以及铺路费，也会被节省下来的原本为了让车驾入车库铺设的私家车道费用相抵消（图 115）。小巷子还使空中市政管线变成合规的存在，相比于此，许多社区的基础设施埋地费用却很高昂。[21]

　　除此之外，小巷子还有助于垃圾的存储和处理。然而曼哈顿作为美国最脏的城市区域之一，却少有巷子。1811 年，委员会出台了纽约市的

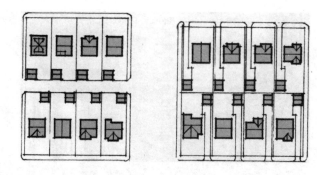

图115 有小巷与没有小巷的街区块。即使在没有小巷的街区块中，车库房被安置在房子的右侧且须从街道开车进入，院内车行道的总尺寸也会超过有小巷街区块的小巷宽度

政府上位规划，相信未来的城市繁荣将依赖于大量可买卖土地的所有者支付的地产税。因此，政府指定了超过三分之二的规划土地作为私有资产，不到三分之一的土地作为街道、人行道和公园用地。1811年对于纽约这个新兴大都市来说，这个规划图看起来似乎是个完美的蓝图。

为了获得这种较高的私有财产比例，委员会去除了所有的小巷子，后院紧挨着后院。这种简单粗暴的设计意味着纽约人永远都是从前门带进物品，又从前门带出垃圾。因此，纽约相对于那些有更多小巷子的城市要脏乱得多。

最后一点，巷子消除了在哪里安置房屋后门的问题，虽然后门位置的选择看起来很容易，实际上却不是这样。在1950年代，伊利诺伊中央铁路部门出台了一个标准街区网格规划图，用在每个新的铁路站点（图116）。但是这样的规划方法缺乏多样性，因此常常被评论家用来说明美国网格规划的平庸。当然，这种规划下的街道和巷子呈现出了一种简单的韵律感。街道更宽，有名字；而巷子较窄，没有名字。居民从这两个特征就可以明确地将正门对着街道，后门对着巷子。

与此相反的是，对于这个问题的困惑玷污了詹姆斯·奥格尔索普（James Oglethorpe）的萨凡纳市规划中形成的韵律。萨凡纳市南北向街道的连续性间接地被小广场打断。东西向的街道韵律则更加复杂。那些一眼看过去像是巷子，尽头是广场的，实际上是街道。从公园看过去，巷子看起来真是可怕，奥格尔索普只是将巷子简单地拓宽成街道而已（图117）。

拓宽的巷子两边的地块都是为公共建筑预留的，但是却没有那么多公共建筑来填满基地。与其他区块相比，这些预留地块真是太大了。因此，随着奥格尔索普模式的重复应用，拓宽的巷子两边的地块被再次细分，如今，许多地块内容纳了多个建筑。毫不意外的是，毗邻公园的建筑，正门对着公园，而那些处于转角处的建筑，一些正门正对着拓宽的巷子，

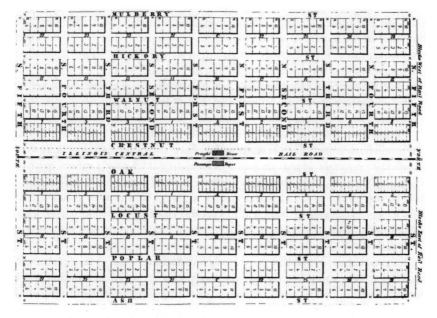

图 116　伊利诺伊州中心镇街区块标准布局模式。摄于 1855 年

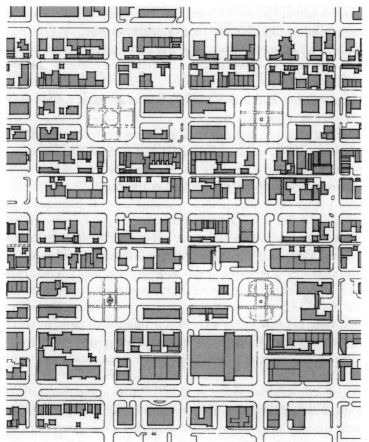

图 117　萨凡纳 26 个广场中四个。图中显示了建筑布局在有无小巷的街区块间的不同

其他的一些却朝向相反的方向。在一些小街区里前门后门都混杂在了一起（图118）。

尽管小巷子有如上的众多优点，1950年代的美国人仍将小巷子视为前汽车时代过时的特征。在一些城市中，虽然那些大货车在街道上装卸货物会显得不合适，大的土地所有者还是请求政府封闭市中心现存的小巷子，如此一来新的建筑可以占据更高比例的地块面积。在郊区，有个小巷子里的车库虽然意味着能够将货品搬到后院，但这似乎也成为了过时的习惯。人们往往更愿意选择将一辆闪闪发亮的新车从街道上直接开进高级的自加热独立车库。

然而，小巷能够再一次满足社会需求，特别是用来应对在新的城郊开发中不断变化的市场需求。美国正在进行着深入而持久的人口变革。一方面，家庭人口越来越少，单亲家庭显著增多。另一方面，陌生人共用一个房子的现象也越来越多。医疗费用使老年人待在屋子里的时间更长，而许多大学和高中毕业生，原本应该离开家开始自己的生活，如今也回到家成了啃老族。大部分二战后建设的城郊社区却并没有这些变化。三四个卧室的房子是为那些核心家庭设计建造的，但是对于新的家庭构成而言，这些房子房间太少且缺乏私密性。很难记起在1950年代的电视剧《奥齐和哈丽特》中老尼尔森一家是否有各自的父母，即使有，也肯定住在别处。当尼尔森家的孩子完成学业，他们也想拥有自己的住处。[22]

为了应对家庭中成员的增多，城郊的住户可以恢复家庭室、增加一个新的房间，或者买个大点的房子。如果家中只有一个成年的孩子，或许可能住在地下室，老人们则一般住在地上的房间。这些选择都必须能承担破坏，然而，没有任何地方可以像小巷建筑一样给这种成长的家庭成员属于自己的正门。在巷子里，不用改变既存的房子，就可以新建一栋新的；也可以修建一个分立的租户单元，有各自的地址和出入口可以由巷子通向街道。最重要的是，因为巷子增加了在既定场地上正门的数量，因此也显著提高了密度。

铁路和电车线路促使美国人可以居住在早期的城郊。之后，汽车使得美国人能在那里工作和购物。如今的电脑使得在家工作成为可能。越来越多的美国人在卧室或是地下室做些小买卖；2200万美国人现在拥有家庭办公室。[23] 当家里承受不了生意的时候，就会转移到主街商店上面的办公室，或是偏远的办公区。许多类似的生意都是从小巷建筑中发起的。结果是创造了低密度地区的多样性，就像简·雅各布斯发现的，多样性对于城市来说多么重要，就像格林尼治村。

美国人倾向于将正门对着街道，而后门对着私人领域，有些人希望美国人的这种倾向能够移植到老的城镇中，但是这从来没发生过。因为我们感兴趣于建筑和街道的关系，是街道本身支配我们组织地块内的建筑布局，而不是建筑布局决定街道。夜间飞行时可以看得很清楚，美国城市由不同形式的灯光组成，汇集成奇怪的银河。从亮如白昼的市中心，灯光向外延伸至主要的高速路和街道。甚至在最小的镇里，一簇簇微弱的灯光标记出购物中心的停车场、高中足球场和主街道，灯光向外减弱，一直到谷仓空地和偶尔闪现的路边照明标志。当下一个城镇滑入视野，四散的灯光又重新汇聚到路上。相对比的是，飞过英国上空时，展现的是灯火通明，边缘清晰的城市开发地。紧凑的城市和村镇邻接农场和树林。英国景观滚滚向前，就像轻轻波动的棉被，光明与黑暗的整齐分明的挂毯。

我们的历史和文化价值可能会导致美国景观在将来有所变化，我们将设计出反映我们公共和私密生活的建筑，使其展现我们的个性，沿着道路面向世界。我们一直贯彻的伟大的价值观是自由、平等和革新，这些都将支配我们不断寻找路边的建筑形制。

图 118　萨凡纳街道旁前门与后门同时出现在街道一侧的情景

第 4 章

排列成行

天堂、星球和这个中心，

观察程度、优先度和地点，

存在的权利、运行的轨道、比率、季节、形式，

等级、风俗，所有都有秩序。

威廉·莎士比亚

《特洛伊罗斯与克瑞西达》

美国郊区的建筑风格多样，大小相似的房屋尺寸和道路退线通常构成这些建筑的共同点。这些特点加之大致相等的房屋间距，或许是使这些建筑构造成为整体的唯一建筑特征。这些相似性非常常见以至于很少被人关注，但它们却是我们崇尚个人主义的文化中不可或缺的部分。

正如迥异的风格彰显了我们的独特性，这些通常相等的道路退线则体现了我们（文化中）的平等性。作为各自城堡的主人，我们是如此不同，但同时，我们都同意把城堡建在离马路等距的地方。前院和侧院与道路间的距离是强制规定的，这在美国随处可见。除了在人口密度极高的市中心，它们几乎是所有市政规划法令的必备特征。

人们在很早之前就想将房子沿路布置，并与邻居保持距离。威廉·佩恩（William Penn），正因为见证了 1665 年的瘟疫和 1666 年的伦敦大火，所以在费城的初始规划中，他规划出了规律布局的独立式建筑群。"房子尽可能地布置成行，如果人们愿意，将每栋房子布置在基地中央，这样在房子的左右两侧就有用作花园、果园或耕种的空地。"[1] 住宅间的空地有利于减弱传染疾病和大火的蔓延；但是不论佩恩是否有意识地考虑到它们的象征意义，均匀地布置建筑和公共退线确实彰显着公平和社区意识。因为所有的住宅与道路的距离相等，所以在对新世界的体验中，人人平等。

亨利·詹姆斯（Henry James）在其 1907 年写的书《美国景象》（*The*

American Scene）中表示他从直觉上感知到：在既定的场景下，公共退线的存在赋予普通的建筑集合体些许雄伟庄重。他常年住在伦敦，在一次造访美国后写了此书。他尤其着迷于美国康涅狄格州利奇菲尔德县装有白色楔形板的、间距宽阔的房子。詹姆斯认为这些房子壮观宏伟，安静地向路人宣示"我们是好的，我们是非常棒的；即使我们知道这点，我们也不会大肆宣扬。我们仅仅伫立在长长的街道上。"[2]

美国人将个人主义和社区观念视为同等重要的价值观，并且希望将这两者同时表达出来。这也就是位于康涅狄格州纽黑文绿地的三座教堂潜在吸引力的原因（图 119）。其中两座教堂极其相似，均为联邦式砖砌建筑，唯一不同的是尖塔；第三座建筑是石砌的哥特复兴式建筑。我们清楚不同的风格和尖塔是宗教多元化的产物，但从直觉上我们也知道同样的体量、退线和间距，传达出美国人超越宗教差异的共性。哥特复兴式石砌教堂不是位于中间，这样的布局也非常重要。若是哥特复兴式教堂坐落在中间，联邦式砖砌教堂位于石砌建筑两侧，石砌建筑则看起来很隆重，显得比它的邻居更加重要。这样的布局彰显了等级，远不能令人满意。

同样的，马萨葡萄园岛三座毗邻的建筑也因同样的文化价值观而具有吸引力（图 120）。[3] 塔楼，不同的屋顶倾斜度和建筑处理，都彰显了其独特性。墙面板，相同的间距和山崖退线，意味着公平和普遍的世界观。与在纽黑文绿地上的那三座教堂的位置关系同理，如果有塔楼的房子位于三座房子中间而不是两边，布局的核心意志更像是三幅一联的群组关系，一种 A-B-A 的节奏，因此是不太公平的。

等距离退线和建筑间距似乎是极其重要的观念。在蒙大拿州，我的

图 119 对页：三座教堂与纽黑文绿地的鸟瞰图

图 120 玛莎葡萄园埃德加顿的三座房子

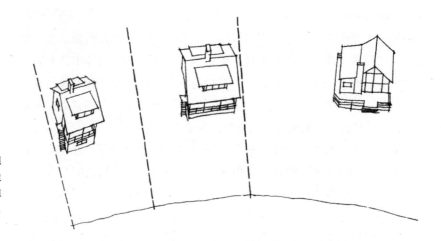

图 121　蒙大拿州林德伯格的三座房子。左边的两座由克拉格·维特克于 1991 年设计，右边的那座早已存在

公司将两座小房子的选址乍看非常奇怪，但这样做的结果是这两座房子之间，以及与邻近的现存的小木屋之间的间距都是相同的（图 121）。这三幢房子共同显示了一个社区的形成。

公共退线和等间距有时可以消除巨大的差异，就像楠塔基特岛（Nantucket）悬崖边上那三座等距的房子（图 122）。若是这三座房子的大小相类似的话，这种独特的组合便会令人更加满意。尽管如此，相同的住宅间距，改善了单层住房与邻近两座较高的住房间的不协调。

同样的道理，大致相等的建筑间距以及前门与道路间同等的距离，非常明显地改善了许多美国许多新兴的、几乎无所不在的办公园区。加罗（Garreau）曾描写过具有几乎相同体量的建筑，这些建筑通常包括被沥青铺就的停车场。任何既定的建筑的停车场数量与建筑本身的尺寸相关。开发商寻求办法来避免车库的开销，所以建筑的体量决定于场地提供的地面停车的数量。然而，即使没有车库，相较于住宅建筑，办公建筑的占地率更大。[4] 但是不像郊区的潜在秩序，办公建筑群总是特别混乱。那些建筑，常常来源于设计师的一时兴起，常常带来杂乱无序和视觉混乱。如此这样，无序并不真是低密度或是汽车导致的结果，而是因为缺乏组织概念，而组织往往体现社区意识。

1699 年，在弗朗西斯·尼克尔森（Francis Nicholson）为弗吉尼亚州威廉斯堡（Williamsburg）作规划立法时，创造社区感的概念在他的脑海中非常明晰。他明确规定位于格洛斯特公爵大街的房子要有相似的正门设计，每栋房子要从街道退线 6 英尺。[5] 实际上，威廉斯堡的住宅并没有完美精致地排列成行，只是参差不齐地与道路保持几英尺的距离（图

图 122 左: 楠塔基特的三座房子

图 123 下: 位于弗吉尼亚州威廉斯堡格洛斯特公爵大街的住宅

123)。这种微小的变化实际上加强了社区氛围。退线距离的微弱变化,而不是直直的一条线,说明这是房子主人自愿作出的相似选择。细微的退线差异表明众人仍旧可以达成统一的决定,并不需要借助一些上层权力来强制执行。

小约翰·洛克菲勒(John D. Rockefeller Jr.)于 1926 年开始修复威廉斯堡,虽然没有什么值得称道的,但是位于格洛斯特杜克大街西头的建筑形成了新型的购物区。这些建筑没有排成一条直线,只是随机凹凸,看起来是个高档次的城郊购物中心,而不是殖民城镇。[6] 埃尔伯特·匹兹(Elbert Peets)认为退线"在 18 世纪的规划中是荒谬拙劣的。与队列产生微弱的偏离是没有什么设计价值的,仅仅是对非机械性的模仿,因为

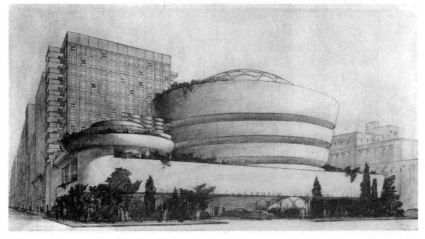

图 124　顶部: 古根海姆博物馆。图示为从第五大道望向东南的视角

图 125　上: 古根海姆博物馆的手绘透视图

图 126　下: 古根海姆博物馆, 望向东北视角的手绘透视图

我们知道它并不是现代的，所以我们有意去假设其是殖民性质的，但是显然它也不是。"[7]

沿着街道排成一条线的建筑不仅看似平等，而且服从于道路。建筑与街道的距离相等，与毗邻建筑间距相等，表现出它们对那些经过此地的路人的顺从。在纽约，就像在许多美国城市一样，退线没那么重要，因为大多数建筑压在人行道上。在曼哈顿街区和纽约主干道上这种情况尤其明显。这些建筑之间很少有空间，大多数共享界墙，建筑占满整个地块。因此，是街区本身的固有特征，并不是退线和建筑间距创造的。我们对这些占据整个地块且形式特别的建筑留有印象，这些建筑前的空间足够使人们顺利通过。

弗兰克·劳埃德·赖特设计的纽约古根海姆博物馆就是个很好的说明（图 124）。对于赖特的这个杰作，传统的观点认为他忽视了建筑周边的环境，蓄意破坏了中央公园对面第五大道既存的建筑界墙。相反，过去多年的设计演变表明赖特敏锐地察觉到建筑的周围环境。[8] 为了不破坏整个界墙，赖特调整了这座占据整个街区的建筑的行政机关办公楼的屋顶，使之成为平面，而非早期设计版本中的弧形（图 125）。平屋顶为与博物馆毗邻的平面顶建筑和这座弧形的博物馆之间提供了自然的过渡，像极了爵士乐中的变调，从主题演奏变到重复乐段。博物馆的另一头，赖特直接将建筑拐角内凹（图 126）。之后，内凹的拐角被取代，代之为与其余立面相连的转角。在最终的设计中，一个宽敞的游客休息室在转角处出现。那个大厅，对于博物馆的运营不是必需的，之后被改成为阅读区。尽管如此，悬浮的形式对于博物馆外形是有利的，它使得我们关注于接下来将要步入我们眼帘的建筑的墙面。我们便沿着它继续前行。

同样地，弗兰克·盖里为 Chiat Day Mojo 广告公司设计的办公大楼，乍一看就像是一堆毫无关系的粗暴混乱的集合体。该办公楼位于加利福尼亚州威尼斯市的主街上（图 127）。但是不同元素具有大体相同的高度，同时体量也效仿了邻近的建筑。在这个建筑组群中，中央是个望远镜形状的设计，出自克莱斯·奥尔登伯格（Claes Oldenburg）和古斯·范·布鲁根（Coosje van Bruggen）之手，恰好夹在两侧建筑的正中间，使得整个构图呈现虚实变化。望远镜凸面面向外部，这样形成了入口门廊，隐藏了后面通往地下停车场的坡道。三个各具特色的部分，微微贴着人行道，排成一排，就像三个伙伴结伴去酒吧。因为它们排成一排，构成一个共同体，所以这样的形式差异我们还是允许的。

相反的，一系列不同形式的建筑不成一条直线，看起来相当混乱。一座建筑位于其邻居的前面，意味着不稳定和即将到来的变化。建筑前添加了新的体块，或许是商店售卖的用途，但显然在一长列建筑中十分突出，没有对邻居表示出了应有的尊重（图128）。我们严格遵守前院退线是因为这样可以防止那些建筑因为靠近道路而获得利益。无法抵抗道路极强的吸引力之后产生的结果有时候挺滑稽，就像在加利福尼亚州圣路易斯 - 奥比斯波市的一个居民区里，一个小型理发店紧紧地贴着人行道（图129）。

房主运用除了树和灌木之外的东西跨越前院的退线，往往是令人不快的。例如，在俄亥俄州哥伦布市，一个郊区房子前竖起了低矮的装饰华丽的砖墙，一些邻居认为这是自我扩张的行为（图130）。即使那个砖墙深究了比例和设计，但是它仍然破坏了前院草坪形成的连续性，也因此在同样的退线中隐喻的公平意味中产生了问题。

前院草坪本身便是是社区的一种表达。就像作家迈克尔·波伦（Michael Pollan）所说："维护草坪成了公民的责任。如果没有维护好分配的公共草坪，那么在许多社区里，都会受到罚款的处罚。我们因草坪团结在一起，试想一下，整个大陆，虽存在难以想象的地理差异，但是

图127　加利福尼亚州威尼斯市 Chiat Day Mojo 广告公司办公大楼，由弗兰克·盖里设计事务所设计，建于 1985 ~ 1991 年

图 128 康涅狄格州纽黑文皇冠大街上的美丽客厅

图 129 上：加利福尼亚州圣路易斯－奥比斯波的理发店

图 130 左：俄亥俄州哥伦布市某住宅的前园花园墙

图 131　华盛顿特区美国陆军学院将军们的住宅，由 D·C·麦克金与米德和怀特设计于 1908 年

我们都铺着翠绿色的草坪地毯。"[9]

托马斯·杰斐逊（本书中文版责任编辑注：杰斐逊为美国早期建筑师，1801～1809 年间曾任美国总统），即使才华横溢，也从未领会建筑相同退线背后隐藏的公平象征和社区感。许多美国人发现费城 18 世纪的建筑都紧贴着人行道，而且各具特色。然而，杰斐逊说道："我非常怀疑建筑与道路保持一定距离对它的美丽起到了什么作用；退线单调乏味，所有人都抱怨这一点，相反，如果不保证退线，就会丰富外观，方便居民。"[10] 当然杰斐逊对费城的抱怨确实体现了当时的困境。公平或许有强大的文化根基，但是如果所有事都真正公平的话，那就都一样了。杰斐逊或许没抱怨过位于华盛顿的国家战争学院。它由麦金、米德和怀特设计事务所设计，因为相同的退线和军官住处间距传达出的共同目的，显然适用于军事领域（图 131）。然而，完全相同的房子证明，重复的代价是一致，这显然是个人主义的大敌。这确是非常难以权衡，因为在公众世界，这种美学意味着住宅和办公楼的死板及重复，杰斐逊当然觉得反感（图 132）。

自从杰斐逊时代开始，创造公平的建筑又不流于无趣的问题开始变得异常尖锐。20 世纪大型建筑项目，比如莱维敦市著名的大片小房子，大多具有令人麻木的相似性。这些项目建于二战后——在长岛和费城郊区，其特征是当时成千上万近乎完全相同的房子。这些房子排列成行，非常相似，那些居民，就像那些住在公共住房中的人一样，丧失了作为美国人选择的权利（见图 19）。第一批莱维敦小房子建成之后，一些评论家认为这些机械复制的住宅无论从文化上还是建筑上。将郊区生活的不适感推向了巅峰。即使社会学家赫伯特·甘斯（Herbert Gans）随后阐明了政治观点和社会价值：莱维敦的居民和大部分美国人是类似的，但是建筑方面的残影仍然残留着。[11]

因为憎恶诸如莱维敦这样的单调乏味的城郊开发区，许多美国建筑师走了另一个极端。为了努力展现多样性，他们打碎建筑，创造了狂乱的不规则形体（见图 59 ）。在许多项目中，如果预算允许，建筑师会选择"简单的多样性"[12]，每个建筑立面设计得完全不同，建筑布局也非常迥异——所有这些都是为了隐藏潜在的相似性。这种丰富多样在另一个方向使得个性和一致性的天平完全倾斜向另一个方向。完全不同的建筑退线或许会加强个性，但是这样的结果是用混乱代替社区感，而社区感来源于相同的退线。

时间经年，莱维敦变化了，那些无情的相似之处也变模糊了。许多住宅开了屋顶窗，添了家庭室；一些还喷了颜色或是贴了新的墙板材；另一些在屋前种植了不同的树种和灌木。[13]这些改变带来的教训是，拥有住房和与之相伴的向世界展示自我品味的权利——如果最终可以产生变化——也好过对最初拥有和邻居一模一样的房子带来的补偿。在变化之下，大部分房子还是差不多一样的，包括住房间的间距，但是因为立面不同，如今却使得个性和共性之间的价值竞争趋于平衡。

即使风格差异已经产生，但是长长的整齐排列的住房仍然给人们这样的印象：人们不是在社区中穿梭，而是在文丘里所谓的"无限的一致"中生活。[14]缺乏多样性，道路延伸至地平线，两侧相同的建筑成行——在某种程度上与杰斐逊两个世纪前的观点相一致。

改善这种千篇一律最根本的方式是间歇性地打断建筑组群。不管打

图 132　康涅狄格州奥康姆铁路大道的职工宿舍。摄于 1940 年

断方式是通过公园、广场、停车场还是仅仅是未修建的草坪，这些打断方式消除了勒·柯布西耶描绘的场景：一长串无止境的建筑，排列在道路边（图133），也消除了亨利·詹姆斯永久的印象："所有事物都是排列成行的，而且都是单一的厚度，""否则就会被稀缺性所限制，对透明度的偏好还是存在于美式建筑集群中……就好似打扑克发现自己有一手烂牌……"[15] 在道路的文化之下，这些间歇性的打断，是基本的缓解。

对于许多美国人来说，这些开放空间具有的价值不是因为可以休闲，而是仅仅因为它们存在。主要原因是那么多美国人已经在自己的后院拥有了一个花园，或者至少是一个可以被当作花园的设计。尽管我们主张平等，但我们还是容忍了那些不向公众开放的公园，例如纽约的格拉梅西公园（Gramercy）（见图85）和波士顿的路易斯堡广场（图134）。当我们经过这些公园的时候，还是会向里张望。同样的情况，建筑史学家斯皮罗·科斯托夫（Spiro Kostof）提到加利福尼亚州索萨利托市（Sausalito）中央公园前的标识牌，警告路人："这个公园只准看，禁止入内。"[16]

19世纪晚期，即使在欧洲，许多市民广场已经丧失了它们作为市场和集会地这样的最初目的。卡米洛·西特当时写道，持续热情高涨地为现代城市推广广场，但是他明知"我们很难改变这个事实：市场的功能越来越远离广场……我们很难阻止公共喷泉沦为一个只有装饰性的角色；多

图133　柯布西耶于1935年所绘的素描：路边宅是美国人理想的住宅形式。于是沿着长长马路所形成的"住宅带"形成了

图 134　波士顿路易斯堡广场

姿多彩、活泼轻快的人群远离喷泉，是因为现代管道设计轻而易举地就将水输送到住房和厨房中，几个世纪以来，普通民众的生活已经逐渐远离了公共广场，近些年此情况更甚。"[17]

在美国，广场的存在没有什么内在原因，至少是一个可去的地方。正如我们所见，美国人经常在这些地方——前廊、后院或是路上。罗伯特·文丘里表明"美国人坐在广场中会感到不适：他们宁愿在办公室办公或是在家里和家人看电视。"[18]查尔斯·摩尔也敏锐地怀疑："在洛杉矶谁想经历这种拉丁美洲类型的实实在在的变革……如果有人控制了洛杉矶的一些城市开放空间，谁又知道呢？"[19]

密斯·凡·德·罗设计的纽约西格拉姆大厦前的广场，即使有大量的用途，当它 1958 年开始使用后，它最大的乐趣也是开车路过不停下才能体会到的。在公园大道上自南向北行走时，那密集的建筑群突然变得开敞，展现出退后街道的一座高层建筑坐落在自身低矮的墩座上。很快视野再次变得封闭，促使文森特·斯喀利（Vincent Scully）称这个广场是"墙上的洞"。[20]圣诞节期间，到了晚上，广场变得明亮。广场树池中的小型常青树上，白色的灯光反射在大楼玻璃上，闪闪烁烁。对于一些人来说，这里可以休闲休息，但是对于大多数人来说，广场的真正价值在于它仅仅就是一种存在。

西格拉姆大厦广场的氛围既靠周围的建筑营造，也通过大厦自身营造。密斯建筑的对称美和强烈的雕塑感与正对面的网球俱乐部产生共鸣，这个俱乐部由麦金、米德和怀特设计事务所设计，具有早期意大利风格（图 135）。

就像西格拉姆大厦，网球俱乐部占据了整个地块，毗邻街道。这座石块砌筑的建筑，对面是由青铜和玻璃建成的高层建筑，形成了强烈的对比，正如雷纳·班汉姆（Reyner Banham）所说，这种对比显示出旧世界的特质"不是美国式的，但具有好的礼仪感"，这两栋建筑就像两位谦和又威严的绅士在点头致意。[21]

当时没有太多关注，但是对整个建筑布局相当重要的是，无明显特征的砖石建筑夹在西格拉姆大厦广场的两侧，形成了围合的广场空间。但是这些建筑寿命不长。街区正北面的街区很快被清理，为新建设的办公楼作准备。那幅由埃兹拉·斯托勒（Ezra Stoller）摄制的最著名的高层摄影在建筑杂志上流传的时候，基地上还没有新的建筑阻挡拍摄西格拉姆大厦（图 73）。讽刺的是，就像剧院的舞台口使我们相信有一堵隐形的第四面墙横在了我们和舞台之间，斯托勒（Stoller）的摄影使我们相信有一栋建筑隐形在我们面前，但实际上什么都不存在。之后很快，一座大型玻璃幕墙在基地内竖起，其庞大的体积和相似的建筑处理手法削弱了旁边西格拉姆大厦的独特性。更重要的是，新建筑退线之后削弱了西格拉姆广场的围合性。

多年之后，纽约区域规划的变革开始鼓励在整个城市高密度街区建设像西格拉姆大厦一样的建筑。当在大厦紧邻南面的街区修建类似的高层建筑以及广场的规划方案被提出时，这个法规给了西格拉姆"大窟窿"致命一击。这个时候，城市规划部门开始认识到一个连一个的广场带来的危害：像西格拉姆大厦前面的那个广场不再与紧贴着人行道街区相对应。结果，为了再现那些将要被拆除的建筑墙群，规划部门要求在地块北面、正对西格拉姆广场的建筑上加建 5 层。尽管这个姿态寓意良好，但是加建的 5 层不够高，还是没有围合广场，而且同样高度和特点的新高层使西格拉姆大厦不再独特（图 136）。

公园大道上以"墙上的凹陷"来贴切形容西格拉姆广场的时代如今已经远去。在同样的地方，三栋大楼无秩序地排列在一起，从街道退不同的距离。讽刺的是，西格拉姆大厦标志性的成功，瞬间作为建筑效仿对象的地位，却是它失败的根源。如今，公园大道不再和谐，很难恢复早期布局的威严，甚至很难记得为什么当时有人觉得西格拉姆大厦是如此重要。[22]

建筑师和规划师对相对不那么重要的因素的缺乏关注，比如西格拉姆广场周围的建筑，这致使文丘里、斯科特·布朗（Scott Brown）和史蒂芬·埃泽诺（Izenour）的评论与事实不符。他们认为大部分当代理论

图 135　上：D·C·麦克金与米德和怀特设计于 1917 年的网球中心。图中右侧为西格拉姆大厦

图 136　右：西格拉姆大厦。摄于 1978 年。注意两栋塔楼之间的 5 层侧翼，使两栋高塔产生一种暧昧的邻里关系

图 137 向北看纽约 53 号大街。佩里公园在它左边

家和建筑师都认为空间本身以及他们的产生都是"神圣的",并且认为空间是将建筑从其他艺术形式中区别开来的"重要因素"。[23] 他们的观点或许适用于建筑内部,但是像西格拉姆大厦广场这样的外部建筑,被当代建筑师破坏得不成样子。

纽约的佩利(Paley)公园是另一个著名的"墙上的凹入"的实例。这个小公园值得许多过路人驻足。公园的焦点——一个瀑布,不太合适任何人停留(见图 57)。发现小瀑布的乐趣基于其他沿街建筑的组合关系,也有赖于公园本身的设计。对于沿着第五大道和麦迪逊大道之间的 53 街行走的人来说,一个小小的凹入始料未及,它的消失也同样快得出人所料,人们只是对两侧建筑间夹着的小瀑布匆匆一瞥。

正如西格拉姆广场,佩利公园周边建筑的损毁表明公园的乐趣依赖于周围的环境。公园建成的几年后,公园东面大部分建筑不得不拆除让位给高层办公建筑。这栋新建筑,连同其截断的形状,从 53 大街退线,形成了勉强称得上的广场的空间,延伸至离得不远的佩利公园。尽管佩利公园保持原样——从内部看还是那个样子——周围的街景却已经发生了深远的变化。高层建筑的退线削弱了公园的围合感,新的广场也有喷泉,破坏了只有两个出入口远的佩利公园小瀑布的独特性。两个瀑布之间的小建筑就像是早期遗留下来的小道具,孤独且被人遗忘(图 137)。

佩利公园的吸引力已经减弱,唤起了那些未知的对神圣的亵渎——没有真正破坏它本身却毁灭了它的布局。过去 25 年中,我们已经学习珍惜和保护我们的历史建筑,但是在持续保护这些建筑的周围环境方面还不成功。上百栋非常重要的美国建筑幸存下来,例如费城的独立大厅(Independence Hall)(图 138),周围成了连它的创作者也无法想象的环境。

我们已经学会保护的是最受关注的东西，而忽略了它的背景。

　　我们纵容了自己的欲望去复制原型，却对建筑所处环境肆意破坏。佩利公园和西格拉姆大厦曾被高度赞扬，因此被不断复制。回顾往事，我们应该明白这两栋建筑都应当看作独一无二，因此才能保持独特，价值永存。当西格拉姆大厦开放的时候，引发了很多关于赞扬一个卖威士忌酒的公司是否合适的讨论。如今看来更加合适的讨论应当关注于如何在民主社会下限制周围的商人用类似手法展示他们自己。

　　这种评论引起了"分区布点"的问题。美国的区域规划法规公平地对待在一个既定的区域里所有的地产。每个地块的所有者和其邻居的权力是等同的。教堂或是博物馆或许会独特一些，因为它们周围一般不是别的教堂和博物馆，但是也可以是与其他教堂或博物馆毗邻。为了保存类似于西格拉姆大厦这种布局——办公大楼周围是别的办公楼——我们首先得在区域法规中找出关于个性与共性的折中办法。

　　在曼哈顿岛上，中央公园的作用就像是一个独特且庞大的凹陷区。尽管中央公园被频繁使用，但仅仅是它本身的存在，就供养了很多人（见图 64）。所有的复杂事物都包容在这样一个简单的矩形中，弗雷德里克·劳·奥姆斯特德（Frederick Law Olmsted）决定将公园嵌入既存的街区网格中，而不是改变毗邻的街道来满足预想的设计。中央公园的矩形形状促成了它的伟大，因为公园和周围建筑的界墙非常明晰。公园如此的威严，就像曾经辉煌的西格拉姆大厦广场一样，来自于它的边界——

图 138　位于费城的美国独立纪念馆，由安德鲁·汉密尔顿与埃德蒙德·胡里于 1732 ~ 1748 年设计建造。图示为鸟瞰图。1937 年种植了环绕建筑的草坪

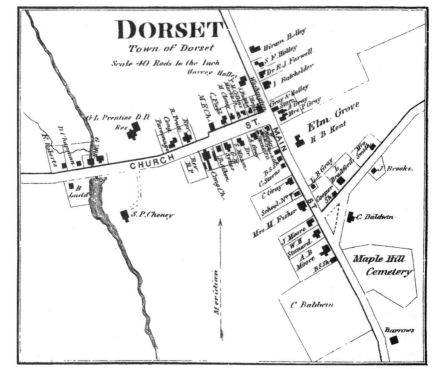

图 139　右：佛蒙特州多塞特镇的绿带，皮尔斯·阿特拉斯于 1868 年绘制的地图

图 140　下：佛蒙特州多塞特镇的绿带，皮尔斯·阿特拉斯于 1868 年绘制。图示是从洲际公路绿地看向对面的住宅

我们知道这个凹陷只因为围着它的界墙。奥姆斯特德不可能设想到围着中央公园的高层建筑，然而这些建筑使的公园更加宏大，不仅是从公园内部，也来自于边界。奥姆斯特德另一个天才般的设计是每隔大约十个街区就插入一条横切公园的道路。如果没有这些道路，两侧的曼哈顿街区就被切断联系，不得不绕 2.5 英里才能到达对面。然而，如果没有将这些道路嵌在低于地平面的层次，那么整个公园就会被分隔成若干块，我们对它作为一个完整的空间的认知将会大打折扣。

　　虽然中央公园、西格拉姆大厦广场和佩利公园都是在高密度城市中雕刻出的沟槽，而更加典型的凹槽，或是室外空地，常因多栋独立的建筑群而形成，就像那些在新英格兰地区城镇草坪周边的大楼一样。类似的例子是在之前的章节中讨论过的纽黑文绿地。在周围建筑的映衬下，绿带中央的三个教堂显得更加特别（见图 119）。文森特·斯喀利（Vincent Scully）写道，"每栋房子单独立于绿地周边各自的地块中，像是在中央的空地周边停泊的船只一样，而非界墙。"[24]

　　纽黑文绿地是个很棒的广场，但是它的形状和正对它的那些建筑的规模和特征相比，就没那么重要了。对于大部分室外空间来说，这个说法都成立，佛蒙特州多塞特镇的小型绿带就是证明。多塞特镇的诸多魅力主要来自于在镇中心有这样一个反常形状的沟槽（广场）。公园周边的建筑划分出了一个狭长的矩形，而不是广场的轮廓（图 139）。环绕矩形的是镇上的主街，主街分为两段，中间是长长的菱形绿草地。这个道路中间分界的地块，被称作多塞特镇绿带，三面都是隔板框架的建筑，白色的墙，深色的百叶窗，这些建筑用来做百货商店、住宅和小旅舍。多塞特镇的居民将这块延长的草坪视为镇的中心，尽管实际上它更像是个交通分界点。这个地块既不中止交通也不明显改变交通方向，尽管司机经过这里的时候都会减速。建筑物紧密组合，邻近街道，T 字形路口的一端是州际高速公路，也导致了减速，但是因为司机经过这个绿地时就减速了，所以他们将这块绿地看作镇的中心。

　　从司机的观点来看，从州际高速路上经过多塞特镇时，绿带这样一个凹槽呈现了不同的特点。进入城镇时，沿着高速路一边的建筑排布逐渐从稀疏到紧密（图 140），突然之间，高速路的另一边，绿地突然开阔了视野，之后又迅速消失。即使经过多塞特镇的时候不停下来，只匆匆一瞥这座城镇，我们也能同时感受到场所和运动的感觉。

　　作家兼建筑师威托德·黎辛斯基表示，以一个村落绿地展开，重要的建筑都围绕它，建筑间距和建筑与道路的距离，在美国殖民时期的村镇中创造了一种微妙的秩序，可以告诉我们哪栋建筑是最重要的。他引用佛蒙特州伍德斯托克市来说明这种秩序如何创造了"这样的设计，不是从预想的总体规划入手的，而是从建设过程本身……每个独特的建筑适应于环境的过程。"[25]

有时候，建筑间一个简单的隔断会给整条街增加焦点和个性。例如，一个意大利式大房子，夹在两座小房子之间，退线与街面有一定距离，在玛莎葡萄园岛大街起到了这样显著的作用。那栋巨大的住宅作为对照物，加强了一种共性特征，这种共性感由其余靠近道路的希腊复兴式建筑产生（图141）。退线是具有说服力的，因为住房和院子都比别的住宅要大。就好像一种无声的协议，两栋房子比他们的邻居要紧贴街道，加强退线后释放的空间感。

因为宏伟，这栋大房子赢得了退线的权力。就像詹姆斯所说，它表现出"以一种不被误解的方式，在这个世界低调地保证这地位"（这种风度，在某种程度上，证明为什么这栋房子能上了纽约杂志的封面，尽管在说明中，这栋房子没有考虑它的环境）。[26] 然而，若不是这栋房子比邻居房子大得多，退线则会显得使人不悦，激发并强调了那些常被诸如威廉·詹宁斯·布赖恩和休伊·朗这样的民粹主义政治家所提起的难解的问题，他们喜好提醒选民美国是这样一个地方："人人都是国王，但没有人真正戴着王冠。"

两种互斥的文化价值观间斗争的结果——想变好的同时又想保证公平——支配我们对一些洞做出正面的反应，对另一些却是负面的。例如，在马里兰州贝塞斯达市，一条非典型的郊区街道，一栋单独的房子临街的一面

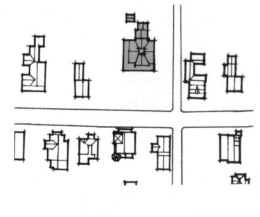

图141　本杰明·C·克朗姆维尔宅。上为总平面图，右为街对面看向住宅的景象

是条半圆形车道，所以其退线比邻居要远些（图142）。那个地块，与在马撒葡萄园岛的那个不同，和邻居的几乎差不多面积，即使这栋房子只有一层，也与邻居的房子面积差不多。因为邻居们都是差不多的，只有这栋房子似乎要试图戴王冠，因此惹怒了过路人，一个邻居称其是"自负的"。[27]

图 142　马里兰州贝塞斯达路边住宅

　　当纽约林肯中心于1966年开放的时候，负面评价就类似于塞斯达市邻居对与那栋向内嵌的房子的评价一样。林肯中心的焦点在于中心广场，三面由相似的三栋独立建筑环绕（图143）。中间的那栋，是大都会歌剧院，位于广场的后方，与南面的纽约州立剧院和北面的艾弗里·费雪厅体积和形状略有不同，稍微高些。广场正中的喷泉，被周围古典柱廊式立面建筑所包围，对于支撑整个布局来讲不够大。大都会歌剧院由华莱士·K·哈里森（Wallace K. Harrison）设计，纽约剧院由菲利普·约翰逊设计，艾弗里·费雪厅由马克斯·阿布拉莫维茨（Max Abramovitz）设计。经过深思熟虑哪栋建筑可以支配整个布局，这三位建筑师运用了典型的美国方式来解决：只是同意每栋建筑的柱间距为20英尺，建筑表面是石灰岩涂层，他们决定各自按照自己的方式来设计，每个人的工作相互独立。[28] 因为林肯中心的建筑如此类似，以至于我们很怀疑他们的安排。中央的建筑自命不凡地向后退，也没有什么理由来说明造成的空间是合理的，没有瀑布，没有宏伟的意大利式建筑，也不像是位于罗马米开朗琪罗广场后面的意大利元老院（图144）。林肯中心看起来特别美国化，因为每一部分都几乎公平，

图 143 上：纽约市林
肯中心。设计建造于
1963～1968 年

图 144 右：罗马卡比
托里欧广场

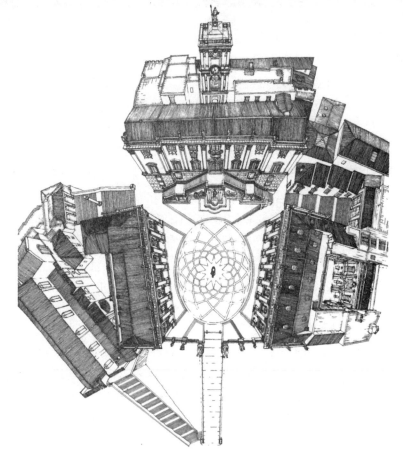

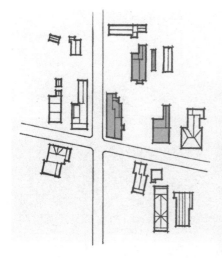

图 145 上：玛莎葡萄园埃德加顿的三座住宅，上左为平面图，上右为从街道看住宅的景象

图 146 左：从街道看中间的那座住宅的景象

但是它却不那么成功，因为缺乏层级导致了建筑后退不太合适。

查尔斯·穆尔、杰拉尔德·艾伦（Gerald Allen）和唐林·林顿（Donlyn Lyndon）赞同玛莎葡萄园岛的埃德加顿街景中的洞，但是，嘲讽的是，这些空间虽然三面围绕的都是差不多的建筑，但对于路人来讲它们却是成功的。凹陷是夹在两栋房子间的空间，这两栋房子都面朝一条重要的面向海湾的街道（图 145）。[29] 在两者中间是第三栋住宅，比前两栋要靠后一些。前一任屋主将房子移到了地块偏后的位置，虽然这栋房子与邻居大小相似，但是后退看起来并不是自我扩张的尝试。屋主的特殊决定取消了后院，使得他的房子离街道很远了，以至于我们很难同时看到三栋房子（图 146）。

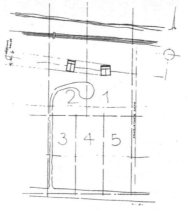

图 147　位于楠塔基特岛上的维斯洛基与特鲁贝克宅邸，由文丘里与劳赫于 1971 年设计建造。上为从街道看向住宅的景象，右为总平面图

　　楠塔基特岛上近乎相同的三个小房子并不是这样的情况。1971年，文丘里和洛奇（Robert Venturi & John Rauch）设计了前两栋房子（图 147）。虽然它们风格近似，但是这两栋房子明显不同。两栋房子没有与海岸线平行，而是呈一个微小的角度，以表明它们各自的主人，即使两者之间有共同的地方，但对于观景的最佳角度却有不同的看法。这两栋房子完成之后，第三栋风格类似的房子建在了前两栋的后侧方，是由别的建筑师设计的（图 148）。第三栋房子风格不同，并且位于前两栋的后面，直冲大海，这种布局本可以创造出令人愉悦的三角"凹槽"——前两栋的房子要挨近水面。然而，现在这样的布局使得早期两栋建筑形成的布局关系被削弱了；三栋房子一起不再和谐，更像是互相竞争，比较混乱。第三栋房子因为类似于前两栋，本应该与它们排成一排的。

　　同样的，摩尔、艾伦和林顿讨论了玛莎葡萄园岛上那两栋完全一样的房子之间关系的细节部分，将建筑布局在离道路不同距离的地方（图

149）。[30] 他们对于这个建筑布局感到的莫名的不安类似于人们对楠塔基特岛上第三栋房子以及林肯中心中央建筑的反应。美国的文化使得美国人的思维方式思考为什么看起来基本一样的建筑没有排成一排。当建筑完工时，玛莎葡萄园岛上的那对房子变得没那么相似。一栋房子门廊之下是封闭的空间，另一栋房子涂着不同的装饰颜料，这都表明屋主想将两栋房子区别开来。讽刺的是，如果刚开始，其中一栋房子没有更靠近道路，这种想要改变原始布局的愿望或许会被削弱。

　　凹入的后部中心建筑大一些还是小一些不是很关键，只要是不同尺寸就行。我们认为，一栋小建筑侧边有两栋大建筑这样的韵律是合适的，就像克里斯托弗·雷恩设计的泰晤士河边的皇家海军医院（图 150）。为

图 148　位于楠塔基特的第三座住宅。摄于 1993 年

图 149　玛莎葡萄园埃德加顿的两座住宅。摄于 1973 年。后来，左边的这个房子漆上了更深的颜色，而右手边房子的二层阳台下的灰空间被改造为一个室内空间

图 150　上：英国格林尼治皇家海军医院，由克里斯托夫·伦于 1696～1716 年设计建造。图为鸟瞰

图 151　右：皇家海军医院。可远望泰晤士河景色

图 152　住宅，大西洋城

了保证女王能够从她的皇后之屋【由伊尼戈·琼斯（Inigo Jones）设计】
看到泰晤士河，雷恩将海军医院劈成 L 形的翼楼，中间留了一个狭缝方
便女王看到河景。皇家海军医院似乎经常出现在美国的建筑专著中，在
某种程度上，有人认为，因为女王希望有个开放视野的愿望与我们的价
值观太一致了。甚至重要的大型建筑也不能阻挡我们的视野；景色应当开
放无限制（图 151）。

　　就像为皇后之屋开的开口一样，凹入后部的东西应当特别，这样才
有内在的原因来吸引注意力。时不时地，一栋小建筑的形状或是装饰有
这样的功能，使其与邻居区别开来。有时尺度或是规模的大差异会使任
何小型建筑有趣。亚特兰大城的一栋位于两个酒店的中间的小房子（图
152）为我们讲述房子主人的故事，这位主人既不是房地产组合中的勇敢
的钉子户，也不是失败的谈判者。

　　建筑间的隔断或是空地如果有什么有趣的事物的话，会使我们驻足，
但是不会使我们减速。例如，由贝克威尔和布朗设计的旧金山市政大厅，
建于一个广阔的前院的前部（图 153），评论家亨利·霍普·里德（Henry
Hope Reed）将布局中央的装饰品称为"美国最重要的建筑组合"。[31] 前
院从邻接的富兰克林大街展开，就像是墙上的大洞，但是当我们想象旧
金山时，很少能想到市政大厅。对称的布局和保守的新古典主义设计似
乎在这城市中没有什么个性，而电缆车和薄雾笼罩的金门大桥的景象却
更好地传达了个性。除非专门前往市政大厅，当我们经过富兰克林大街
的时候，我们都想不起来它，就像众多我们在路上经过的凹入。

　　类似地，当人们开车来到纽黑文市中心的榆树街时，路边一扇敞开

图 153　上：旧金山市政厅，于
1912～1915 年设计建造。其左为战争
纪念馆，右为战争纪念剧院，中心法院
右托马斯·切奇设计

图 154　右：位于耶鲁大学校内的纳
奇·波特门。这条步道终止于两个街区
外的带柱门廊

着的门内，一条小径通向耶鲁大学校园中心，这个景象令人印象深刻。
小径的终点是一栋壮观的新古典主义大厅，由卡雷尔和黑斯廷斯设计，
位于两个街区之外（图 154；可见图 119 的左上角）。校园内部，布局似
乎稳定且持久，更像旧世界而非新世界——一条道路引向一个目的地。[32]
然而当榆树街和街另一边坚固的建筑囊括其中的时候，印象又回归到辨
识度极强的美国式建筑群。每天有数千名司机经过这里，大门给出选择：
是走进耶鲁大学，还是匆匆看看对面的建筑后继续前行。小径没有迫使
司机进入这条路——他们仍然可以选择只是路过。

　　位于哥伦布市的俄亥俄州立大学的校门与邻近主街的校园，也给路人呈现出同样的选择，直到最近这样的情况才有所改变（图155）。较宽的砖石路侧面是两组电缆塔，这个主门是进入校园众多门中的一个。这个入口具有特殊的标志性，因为它连着一个大的椭圆形的开放草坪，草坪是大学的中心，而且，入口紧邻主街，是城市中最重要的一条商业街（图156）。不幸的是，由埃森曼和特罗特（Eisenman/ Trott）建筑事务所设计的新大学艺术中心蔓延到了路上，割断了标志性联系，剥夺了大门打断街道的意义（图157）。

　　不用为行人提供驻足或是前行的明晰选择，街景中的不合适的间断位置会令人困惑，就像纽约会议中心主入口正对面的广场一样，纽约会议中心由贝聿铭及其合伙人雅各伯·贾维茨设计。广场为行人提供了继续前行或是逗留的选择——但却布置在错误的地方。会议中心的入口和

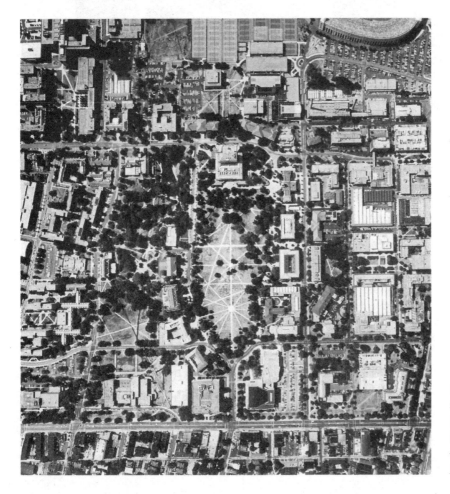

图155　俄亥俄州立大学鸟瞰，摄于1960年。图中显示了大学中心的大草坪。照片底部也显示了校园从高速路进入的入口

图 156　顶部：从高速路进入奥威尔的入口大门。摄于 1950 年

图 157　上：维克斯纳中心

对面的广场的大小一样，而且两者的建筑处理方式清晰地表明它们均是建筑群体的一部分（图 158）。中心的正门紧贴道路，迫使我们将注意力集中在街对面的凹陷处里——我们想停止的原因在于中心自身。

　　有时候，仅仅通过空地上的独立建筑本身，墙上的洞可以更加有趣。非常普通的建筑埋入凹入处中，而凹入本身却萦绕着特殊的光环。亨利·詹姆斯被曼哈顿第五大道下城部分的第一长老会吸引时，他记录了对其的惊奇（图 159）。他称其为"美国的建筑设计相对简易的教堂之一，偶然之下，奇妙地拥有将教堂自负性最小化的秘诀"。[33] 像其他许多教堂的尺度和风格一样，这个由约瑟夫·威尔斯设计的哥特复兴式教堂不是特别让人难忘。教堂占了地块的整个前部，毗邻更高的建筑。教堂本身，虽然不是独立的，三面都是草坪，但在中间形成了一个空洞。教堂的南翼，由麦金、米德和怀特设计事务所设计，另一侧是由埃德加·塔费尔（Edgar Tafel）设计的教区住宅，使得教堂看起来更特别。这些附加，就像西格拉姆大厦的低层部分，掩藏了教堂背后联排住宅的裸墙。类似于地块中心典型的美国建筑，教堂主掌了它自己的领域。

图 158 纽约维茨会议中心，由贝聿铭设计建造于 1980～1986 年。左为正立面图，下为总平面图

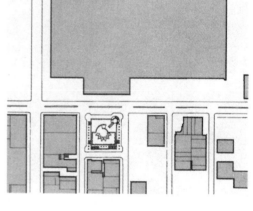

图 159 纽约市第一长老教堂，由约瑟夫·威尔斯设计建造于 1845 年

图 160　俄亥俄州议会大厦鸟瞰图，由亨利·沃特、亚历
山大·杰克逊·戴维斯、威廉·罗素、威斯特等人合作设
计建造于 1839 ~ 1861 年。图示为 1950 年拍摄的鸟瞰图

俄亥俄州哥伦布市的州议会大厦，也是这样一个例子，广场周围的
建筑围合出一个空间。亨利·沃尔特设计的大结构就像一个巨大的暗淡
的宝石，位于国会广场的中央，周围普通的建筑加强了新古典主义立面
（图 160）。另一个类似的被周围建筑烘托的例子是弗兰克·盖里设计的位
于洛杉矶的沃尔特·迪士尼音乐厅（图 161）。模型照片没能显示出建筑
的背景环境：独立的音乐厅，置于基地之上，花园环绕，可以从城市边缘
的中央商业区高层办公楼这个方向看到，也可以从低调的钱德勒馆这个
方向看到。

建筑被风格简单的楼宇围绕对这个结构来讲是必要的。如果其他同
样有趣的建筑围在音乐厅周围，那么音乐厅的独特性就会减弱。当我们
经过音乐厅的时候，我们会当它是个热情的异类，而不是在凹洞里的建
筑或是王冠上的宝石。在建设环境中，只有与邻居迥异，这些凹洞将保
持独一无二的特色。相应的，只有在"洞"周围的邻居推崇其独特性，
并排在它的周围，那么"洞"将保持特殊性。

图 161　弗兰克·盖里
设计的洛杉矶迪士尼
剧院模型

第 5 章

大门和无
意识停顿

我们穿过罗斯福港，在那里瞥了一眼远渡重洋的红色行船，然后飞速驶过成排的、满目疮痍的贫民窟和它们被周边镀金装饰已褪色的 19 世纪的酒馆，于是阿瑟山谷以视野两边向我们召唤。

F· 斯科特· 菲茨杰拉德（F. Scott Fitzgorald）

《伟大的盖茨比》

美国景观中的成对事物。"两个"和"成对"在我们的专业术语里如此常用，以至于我们认为这好像是理所当然的——美国超过 40 个地方以这两个词开头。但是两个词都不意味着平衡；其中一个也许是另一个的对等物，但是不会更偏重一方。两个相似的物体意味着公平，在美国的社会环境中，这会唤起民众的民主理想。因此，我们可以在建设环境中运用这种强有力的象征来使我们在此方面做的尝试更加与众不同并使其更有意义。

成对的建筑在这个国家随处可见。例如哥伦布市的双户住宅，新泽西海岸的镜像沙滩住宅，费城的孪生屋，它们太普遍了，以至于我们认为这种象征性的公平是理所当然的（图 162 ~ 图 164）。罗马有座公寓由两个相同的楼组成，罗伯特·文丘里对这两部分的模糊关系十分感兴趣——"这是一栋建筑被劈成两半呢，还是两个建筑合为一体呢？"[1] 他对案例的选择反映出他和美国人一样，在实际建筑设计中对两个等同物体中所蕴含的张力报以浓厚的兴趣（图 165）。

文丘里一直在追求对于"二元性"更完美的表达[2]，对他而言就是将两个多少有些相似的部分包含在一个更大的、更复杂的整体中。当然更大的整体是两个事物的组合。如果两个事物标示着统一与平等，那么就不需要更大的建筑物了，正如文丘里和洛奇在布莱顿海滩住房竞赛中设计的（图 166）以及楠塔基特市的两个房子一样（见图 147）。这些建筑并没有像密斯·凡·德·罗的芝加哥湖滨公寓，或是菲利普·约翰逊的

图 162 顶部左: 俄亥俄州奥林
巴斯的两家住宅

图 163 顶部右: 新泽西州海岸
的双子海滩住宅

图 164 上: 费城双子宅

图 165 右: 罗马的一处公寓。
由路易吉·莫雷蒂摄于 1960 年

得克萨斯州休斯敦市的潘索尔大厦（图 167、图 168）。那样，将双子建
筑布局推向更高的艺术层次。

　　但是有时候，成对的建筑展现出复杂的信息。纽约世界贸易中心就
是一例（图 169）。美国人总希望成为最好的，也渴望平等，于是这两种
希望在世贸中心发生了直面冲突。美国人希望将世贸中心建成全世界最
高的建筑，但最终却建了双子塔，两栋楼之间还没有联系。相反，奥斯
卡·尼迈耶为巴西参议院及其配套职工设计的巴西议会大厦却传达了不
同的象征意义，这座议会大厦位于巴西利亚，也由双塔组成。不像美国

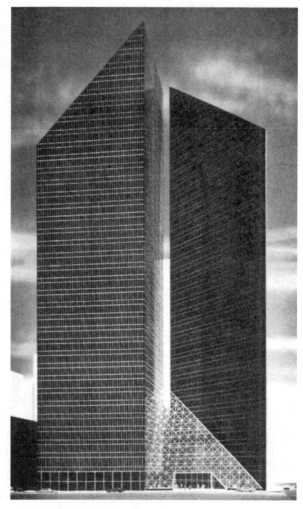

图 166　顶部：布莱顿沙滩住宅的模型，文丘里和洛奇于 1968 年设计

图 167　上：芝加哥湖滨公寓，密斯·凡·德·罗设计，建于 1951 年

图 168　右：休斯敦潘索尔大厦，菲利普·约翰逊设计，建于 1974 年

图 169 右：纽约世贸中心，雅马萨奇（山崎实）事务所设计，建于 1970～1977 年（本书中文版责任编辑注：纽约世贸中心双子塔楼已于 2001 年 9 月 11 日被恐怖分子袭击坍塌）

图 170 下：巴西利亚参议院，奥斯卡·尼迈耶设计，建于 1956～1960 年。双塔从一个宽阔的平板上直立而出，屋顶上的半球形构造是参议院大厅

人既要分开又要平等，这两个塔由空中的桥连接，既传达了个性又说明了巴西政府两个立法部门间的相互依赖关系（图 170）。

　　贾斯珀·约翰斯（Jasper Johns）设计的两个美国旗减弱了单面国旗的符号力量，但有讽刺意味的是，这却加强了总体的趣味（图 171）。我们被两者的关系所吸引，就像戴安娜·阿尔比斯（Diane Arbus）拍的双胞胎照片，照片中隐藏着岁月流逝的故事，引人遐想（图 172）。两个分离的物体创造了一种类似的关系，这种关系更多地展示了事物之间的空间，而不是事物本身。当两个物体间的空隙是一条路时，人们就会把注意力集中到路上的行人。如果焦点出现在这条路中的恰当位置，那么被聚焦的事物就成了这个空间里的重要节点——因为这个物体会吸引人，让人们停下来反思，虽然是短暂的。纽黑文市的格罗夫街公墓就是很好的证明。入口大门由亨利·奥斯汀设计，大门上一对埃及式石柱让人想到了生与死的区别（图 173）。

图 171　上左:《一号旗帜》，由贾斯波·约翰森于 1973 年创作，贾斯波·约翰斯与西姆卡印刷艺术家公司（Simca Print Artists Inc.）出版，贾斯波·约翰斯 1996 年版权所有。由纽约 VAGA 授权

图 172　上: 新泽西州的一对双胞胎。由戴安娜·奥布斯摄于 1967 年

图 173　纽黑文格罗夫大街公墓，由亨利·奥斯丁设计于 1848 年

图 174 上：特拉华湾纪念桥，设计于 1969 年

图 175 右：纽约州高速公路的撒迪厄斯桥

切萨皮克湾两个相同的悬索桥反映了相似物体的会引人片刻沉思的强大力量，虽然我们是从桥上通过，并不是在两桥之间穿行（图 174）。这两个大桥创造了类似于过去和未来同时存在的感觉。每座桥仅供单向行驶，当我们行驶在桥上，便可以与那些从相反方向驶来的人分享此刻的感受。我们看见的东西，是对面过来的人不曾看见的。在第一座桥完成之后，每个圣诞节都会有一个大的照明环悬挂在桥上。直到第二座桥开放的时候，并没有在上面安装这样的照明环，表面上是为了安全起见。事实上，特拉华河和海湾当局已经得出正确的结论，那就是每个桥上都有一个环会让桥在辨识度上产生偏差。[3] 在较小程度上，纽约州高速公路上一对相同的桥表现出与特拉华纪念桥类似的功能，即为过往司机提供了分离和连接相伴的感觉（图 175）。

当我们在美国穿过而不是跨越成对的建筑物或物体之间时候，带来的驻足和片刻的思忖，与迅速和不断前进强烈的渴望相互对立。在美国的环境中，一行树或柱列看起来常常是静态的和沉闷的，就像典型中殿教堂柱列和结构开间的紧密间隔一样。以 12 世纪法国威兹莱的圣马德琳教堂为例，建筑忠实地反映了建造出如此教堂的中世纪社区的节奏（图 176）。就像一个穿过小镇上山游行的宗教队伍，人们亦步亦趋。神父

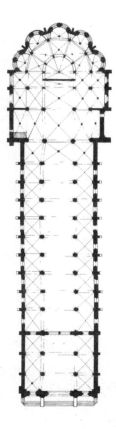

的节奏——一步，一停顿，然后再走一步——让行进与驻足显得同样重要。教堂里低沉的步伐和独声的唱诗与柱子上的回声共鸣，回响在与基督教一样古老的庄严的庆祝会上（图 177）。教堂实际上在一时间向着一个点延长，似乎弱化了此情此景中的宗教队伍。

在崇尚速度和自由的美国文化中，这种节奏似乎是缓慢的和怪异的。特别是在 20 世纪，出现了爵士乐、弹球机、视频游戏，这显得与美式节奏格格不入。我们似乎只在这几个时间保留慢的节奏，比如警察的葬礼，新娘进入到一个正式教堂的婚礼，以及阿灵顿国家公墓换岗。

在美国人们似乎更乐意看到教堂里出现成对的柱列，由于它们意味着更缓慢和更虔诚的游行。但即使在教堂，柱列必须与美国精神的其他表达去竞争。在西方宗教建筑两个主要的传统——教堂作为通往上帝祭

图 176 上左：法国维泽莱鸟瞰

图 177 上：维泽莱的圣马德琳教堂平面。该教堂建于 1096 ~ 1131 年。平面图显示了教堂的三条轴线

图 178　马里兰州三一
教堂内景，建于 1674 年

图 179　上：威斯康星州麦迪逊一神论教堂
内景，弗兰克·劳埃德·赖特设计，建于
1949～1951 年

图 180　右：纽约州罗切斯特唯一神教堂内
景，路易斯·康设计，建于 1963～1964 年

图 181　罗马波波洛广场上的双子教堂，卡洛斯·雷诺迪于 1662 ~ 1667 年一直负责其设计建造工作，最终由卡罗·方檀完成

坛的道路，和教堂作为面向上帝聚集信徒的房间，美国人往往选择后者。这种变体中，教堂的主体，即提供服务的房间，比游行更重要。例如马萨诸塞州埃姆斯伯里的洛基山礼拜堂的内部柱列，以过道三面围合两层的楼厅，更多地强调房间而不是祭坛或通向祭坛过道。以类似的方式，马里兰州的老三一教堂，突出一个室内没有柱列的会议室（图 178）。没有柱列引导我们走向祭坛，房间本身成为关注的焦点。

　　一个通向神的明确的路径代表顺从。至少对于一些美国人，这个建筑表达的对神的顺服，符合英国国王需要。虽然在许多罗马天主教和圣公会中殿教堂里，占主导地位的两侧有两排列柱的中心通道仍然是其组织元素，但这在其他教派中是不常见的。例如，贵格会神父彼此面对，而摩门教徒往往把帐幕作为一个大礼堂。弗兰克·劳埃德·赖特在费城郊区的埃尔金斯公园犹太教会堂和他在威斯康星州麦迪逊的唯一神教会便是 20 世纪宗教建筑中的相当著名的例子，作为犹太教和新教把教会的一个房间而不是神的道路（图 179）。礼拜堂以无内柱自支撑屋顶的房屋为特色。赖特喜欢将一神论教会的形式比喻为双手合掌，庇护会众。[4] 同样的，路易斯·康在纽约罗切斯特的第一个唯一神教堂，设计了一个无方向性的方形会议室（图 180）。它的大的柱状结构在四片砖混围墙后面支撑了长廊的屋顶，使房屋明确限定。该中心是完全开放的。

　　因为成对的柱列或成对的对象加强了缓慢而有节奏的步伐，它们所暗示的深思熟虑和有目的的暂停，与我们的畅通流动的倾向相冲突，除非他们着重强调的是从一个环境过渡到另一个环境的过程，正如罗马依纳尔迪和伯尔尼尼在波波洛广场修建的双子教堂（图 181），在许多美国建筑师中产生了共鸣。教堂利用我们必须通过才能继续前进到教廷的门暗示了片刻的犹豫。然而，门是永久开放的，这在美国也很重要；它不构成阻碍我们前进的障碍。

因为构成双子教堂的两座教堂形式几乎是一样的，他们赋予教堂之间的街道以重要性。（具有讽刺意味的是，到圣彼得和梵蒂冈的最短路径是通过维娅雷必达街到教堂的一边）虽然走向祭坛的礼拜仪式（由此形成的"直通目标"式的通道在欧洲宗教建筑中占主要地位）在各个教堂都十分常见，但是过多的一致的建筑立面使得建筑服从于街道。每个教堂可以暗示关于"救赎"的寓意，但当这种寓意同教堂位置一样对称暗示时，它变得不如在它们中间的科索尔大道重要了。街道本身变成了救赎之路的一个目标。教堂是标志着朝圣旅途最后一站；它们的功能与美国住宅中两个房间之间的成对柱列十分类似（图182）。真正的障碍被打破了；我们已经进入了大门，仅仅在其中从一个功能到另一个功能。因此，同样的在罗马我们已经通过了城市的大门，站在波波洛广场。教会是一个符号：我们不会被它们阻止，因此前广场的这种设计影响似乎在更像是美式风格，而非意大利巴洛克风格。

在美国，很少有人特意把相同的元素放在街道两旁，以此界定一个转折，因为美国人有尊重个人财产的传统。这种情况更有可能发生在神

图182　纽约老商人住宅。在客厅于餐厅之间的门旁边有古典爱奥尼装饰柱

图 183 上：纽约公共图书馆，入口大台阶侧面的狮子雕塑

图 184 左：阿灵顿公墓纪念桥上的马的雕塑。两组雕塑在桥的一头一尾，在这座单拱桥下，普图曼河淙淙流过，其标识了通往岩溪公园的道路。（由于雕塑面对纪念堂，这背影式的景象让过往的车辆感到有些许的尴尬）

权政治的国家里，例如建一对双子教堂，而在资本主义民主国家里就十分罕见了。因为在一个崇尚个人主义的国家里，路两边的屋主没有理由把房子盖得一模一样。还有土地拥有者也不会开发一个唯一目的是为公共街道服务的项目。因此在美国，成对的元素更容易出现在公共标志建筑上，如纽约公共图书馆门前台阶前的狮子（图 183），或者是阿灵顿纪念大桥两旁的石马（图 184）。

像上述这些标志转折的成对元素拥有巨大的力量，因为它强调在美式文化中我们的行为相当自由。而在中世纪的欧洲，厚重的城市大门是为了阻挡侵略者，城市内部的大门是为了把不同群体隔开，美国的大门，尤其是那些在公共道路上的，只是象征性的大门。例如康涅狄格州首府哈特福德市的士兵水手纪念拱门，这座拱门旁边没有墙（图 185）。它的

图 185 上：康涅狄格州哈特福德的士兵与水手纪念拱门，由乔治·凯勒于 1885 年设计

图 186 右：伦敦海军部拱门，由奥斯汀·韦伯设计建造于 1910 年。通过拱门的大道由白金汉宫伸展至远端的圣詹姆斯公园，与位于照片右上方的特拉法加广场隔街相望

唯一目的是提醒过往的人们铭记曾经为这个国家服务过的人们。与之相反的是伦敦海军部拱门，这个拱门横跨从白金汉宫通往特拉法加广场的道路，一端架设在詹姆斯公园上，拱门既是一座标志性建筑，又是一个含蓄的屏障（图 186）。这座大拱门包含三个小拱门，两侧的拱门对公众开放，中间的只有国王才能通过。在美国这种象征等级的东西不会存在很久，我们会高呼"打开中间那座门"，"让我们每一个人都能通过中间那座门。"

美国人不喜欢前进受阻，这就解释了为什么许多美国人喜欢加利福尼亚州莱格特著名的杉树公园里的红杉树（图 187），以及位于圣路易

图 187　最左: 加利福尼亚州来吉特的行道树

图 188　左: 圣·路易斯大拱门, 由埃罗·沙里宁于 1967 年设计建造。拱门轴线的一端是老法院。就是在这里宣判过德雷德·斯考特案

斯密西西比河畔小沙里宁(Eero Saarinen)设计的高大的入口拱门(图 188)。红杉树清晰地告诉我们即便是大自然也不能让美国人停下。而入口拱门则是标志着西部的开始, 它横跨一片老法院大楼前的空地。如果这个拱门横跨河对面两个街区以南的美国 I-70 号州际公路, 那么美国人就能立即抓住"拱门和道路"这一组合的意义。而在现有的位置上, 这座拱门则传递了一种难以言表的意味。

从外观上来看, 巴黎凯旋门和位于曼哈顿第五大道的南端由麦金(McKim), 米德(Mead)和怀特(White)共同设计完成的纽约华盛顿广场的纪念拱门几乎一模一样, 但事实上这两座建筑象征性的意义却完

图 189 上：巴黎凯旋门，J·F·T·沙尔格兰，1806～1836

图 190 上右：纽约市华盛顿拱门，由麦克金、米德和怀特于 1892 年设计建造

全不同，凯旋门坐落在 12 条街道交汇的环岛上（图 189）。人们确实会在这里停留，法国政治家会在这里举行仪式，进献花圈。然而华盛顿广场的纪念拱门只意味着一个过渡（图 190）——是一条重要街道的结束和一个公园的开始之间的暂停——人们会从这里穿过而不是在这里停留。而一条马车道路曾经穿过这座拱门。罗伯特·摩西（Robert Moses）曾经是纽约公路委员会委员，在 1950 年代他曾设想拆除拱门，将第五大道延伸至下曼哈顿并穿过公园。不过这一糟糕的计划没有获得通过。因为道路通过拱门这一设想实在是太有吸引力了，以至于人们反对这一计划时的第一反应是将道路缩窄从而能够穿过拱门，而不是彻底否定这一方案。[5]

独立的大门偶尔也出现在美国电影里，例如 1980 年的电影《天堂之日》（Days of Heaven）里有一座独立的大门界定了一大片麦田的边界。"不需要篱笆让我们沿路行走也不需要道路迫使我们穿过门柱"——一个对于此景似乎很荒唐的看法。然而，大门完全是可识别的美式标志。它标志着在新大陆上人们拥有十分广袤的土地，而这些土地无法用篱笆围住，同时也标志着在美国人们可以穿过任何边界和障碍继续前进。另一座独立的大门出现在 1992 年的电影《雷霆之心》（Thunderheart）中。这座大门标着这一片庄严的印度人公墓的边界，因为墓地周围没有围墙，逝者似

图 191　左: 蒙大拿州
黄石公园的入口大门

图 192　下: 新泽西州
灵伍德庄园大门

乎仍然与生者相互联系着。

　　在蒙大拿大草原上,一座巨大的石门屹立在黄石公园的北入口。这座石门丝毫没有给人封闭的印象,在这里可以感受到风吹草低见牛羊的情境,游人和牛群亦可以自由地来回穿过这座"看不见"的边界(图 191)。所以,知道黄石公园有多大的人们能够立即明白大门的意义。这座巨大的石拱门在广袤的大草原上显得十分渺小,见证着一片伟大的自然保护区里的一切,见证着新大陆寄予它的更为光辉的未来。

　　相似的是,坐落在新泽西 Ringwood Manor 的老纽约人寿大厦的大门,唤起人们心中强烈的美国信念,使我们相信通过从一点搬到另一点,我们可以重新创造自己(图 192)。通过穿过一座大门,通过穿越一条不规则的路线,我们能够改变自己。在美国大门意味着机会和重生,而非拒绝。

　　艺术家克里斯托(Christo)和贾尼 - 克劳德(Jeanne-Glaude)的装置设计《奔跑的篱笆》(Running Fence)是对这一信念的回应(图 193)。这个装置设计位于加利福尼亚州所诺玛县和马林县,建成后不久即被拆除。1976 年,经过 4 年的努力,克里斯托终于获得了许可能够在山间建造长达 24.5 英里的白色尼龙帆,这个临时搭建的 18 英尺高的篱笆只有一

图 193　加利福尼亚州索诺玛县与马林县的大地装置艺术《奔跑的篱笆》，由克里斯托与贾尼－克劳德设计完成于1972～1976年

处缺口，即一条让人们进入这个艺术装置的临时小路。

与中国长城不同的是，克里斯托的篱笆只是临时性的，美国的文化价值决不允许永久性的屏障。这个装置的巨大力量来自其大胆的假设——在一个信奉人民永远不会被限制的国度里隔离出一大片开放空间。不出意外的是，许多美国人看到这个篱笆的反应即是穿过它到达另一端。

篱笆的一端消失在一片灌木丛里，另一端则以太平洋为终点。但是大海不是这一装置的视觉终点，甚至不是象征性的终点。随着篱笆越来越接近大海，艺术家也逐渐降低板条的高度，让篱笆看上去是慢慢滑入浪花中的——倾斜的线条似乎伸向海底，延伸到遥远的东方。

克里斯托早期在科罗拉多州来福谷（Rifle Gap）做的"幕布"装置也有着类似的效果，这个装置制造了一个不存在的障碍（图194）。帘子下方一条两车道公路提升了这个装置的魅力，因为人们可以无障碍地通过一个假想的无法穿行的障碍。

弗兰克·劳埃德·赖特设计的马林县市政中心，紧紧地嵌在科罗拉多的山谷中，这座建筑同样是一个巨大的障碍，但是它也有开口。建筑底部有巨大的拱门，其中一个是正门入口的门廊，车辆可以自由地穿过这里到达建筑后方的停车场（图195）。这座建筑没有阻碍我们的前行，它只是让我们暂时停下脚步来驻足欣赏。

图 194　上:科罗拉多山谷中的幕布,由克里斯托与贾尼－克劳德设计完成于 1970 ~ 1972 年

图 195　左:加利福尼亚州马林县的市政中心,由弗兰克·劳埃德·赖特设计建造于 1962 年

　　作为开放景观中的一个标志，黄石公园的大门意味着环境中的强烈转折，但是在标志抽象的转折方面，我们可以做得更好，就像州与州边界上的转折。大多数州与州之间的标识又小又普通。它们就立在路边，上面写着州名和州长的名字，还有超速罚款，偶尔还会有州花。可能性是多样的，例如，堪萨斯和科罗拉多之间的边界完全位于大平原上，从这里向西走好几个小时才能看到落基山脉。如果按照常理，科罗拉多州可以将在麦田里耸立的人工的落基山脉作为其边界，但是美国人会认为这是一个在开放景观中非常奇怪且不协调的东西（图 196）。我们知道这个人造界碑预示着在前面不远处，环境会有大的改变。人们会期望它们像是一扇大门，标志着积雪覆盖的高山即将到来（当然，在山的另一面，如何描绘堪萨斯州是对设计师能力的考验）。

　　在类似的地方，隧道和休息站曾经让宾夕法尼亚公路富有趣味，它们向旅行者指示了穿越宾夕法尼亚州的道路。通常休息站成对设置，旁边设有外观是粗面石的加油站和餐馆，并且在公路两旁正对彼此，成对的建筑是旅途中谦虚的里程碑，为人们提供了休息的场所，如果人们不想休息，这些建筑也是参照物。不幸的是，如今许多这样有标志意义的休息站已经消失了，取而代之的是拥有大顶棚的加油站。这些顶棚并不正对彼此，从而削弱了暂停的感觉。

　　位于纽约州布法罗城西南边高速公路上的安哥拉旅行购物中心，有着非常不同的布局，这种布局同样是旅途中的标志物（图 197）。一条横跨公路的桥梁连接了路中间的餐馆和两边的停车场。桥上有巨大的窗户，顾客可以通过窗户观察来往的交通情况。相比之下，特拉华州和马里兰州的休息站远不如这里的休息站精彩。尽管这些休息站也在道路中间，但是远离道路人们只能从最左侧的车道进入休息站，因为这些休息站既不跨越高速公路，也不是专门为高速公路而设计，他们并不容易被记住。

图 196　堪萨斯州与科罗拉多州之间的分界标识

图 197　纽约州布法罗城西南侧高速公路旁的安哥拉旅行购物中心

新建的高速公路将吸引人们的注意作为必要条件，由于限制入内的高速公路首次出现，高速公路预留用地也变宽了。更宽的路肩，更多的车道，以及路两侧更大的区域，都迫使标志和广告牌离人们更远了。更繁忙的交通和更快的速度也减少了人们吸收信息的时间。因此，路两旁和休息站的商贩调整了他们的销售方法——即树立更大的广告牌。

康涅狄格州公路也有几个类似宾夕法尼亚州公路那样的成对的休息站，便是上述广告牌大小变化的例证。虽然这些单层的休息站偶尔会正对彼此，但是沿路的广告牌和更大的加油站顶棚却不是这样。这些高大的广告牌大都错开一定距离排列而不是成对排列，从而能够吸引对面朝相反方向前进的人们。

另一种情况是使用较小的运输流量标志指引人们进入休息站，从而把大的标识牌从这一任务中解放出来，让他们能够成对排列。这就创造了一种象征性的暂停，提醒人们休息站本身就是一个真正的暂停。例如，麦当劳最近获得了在康涅狄格州公路两旁的经营权。对于饥饿的旅行者来说，公路两旁成对的 M 便是再合适不过的选择。在没什么有趣的特征的州际公路上，这些标识牌也在告诉着我们这里是什么地方。

如果成对的标志或建筑通过强调从一个环境到另一个环境的过渡来创造有意义的暂停，那么成对的标志或建筑是否被有意设计成一模一样便不再重要。例如，马萨葡萄园有条路的一边是一组仓库，另一边是高墙和储气罐，他们紧贴道路，标志着红酒的天堂镇中一条商业街的起点（图

图 198　上：温雅德港的沙滩小路

图 199　上右：康涅狄格新米尔福德市街角塔楼

198）。在康涅狄格州的新米尔福德，两座不同体量、不同高度的诺曼角塔，位于通往新米尔福德主要街道的桥下，它们成功地扮演了通往市区的大门这一角色（图 199）。它们相似的风格和形状清楚地表明它们有着相同的目的，但是由于角塔高度不同并且相互轻微偏离彼此，因此也都保持了适当的独立性。

爱德华·霍伯（Edward Hopper）所作水彩画《大街》（*High Road*）中的城镇边缘也暗示了一个微妙的暂停（图 200）。在道路右边的有利位置，霍伯将我们的视线引向了一片开放的景观，即使我们更有可能被道路所吸引，因为这条道路看上去马上就要转向一个陡峭的下坡。霍伯让我们相信在画面之外的右边将会有很多房子。这让我们的视线有一个短暂的暂停，然后继续看下去。我们没有理由停下来，除非我们要进入一座城镇，这就意味着道路的右边确实有许多建筑。

有时纽约市一些街区的街角建筑也是微妙的大门或是暂停，标志着街区间的非正式边界，例如街区中间的建筑往往退后街道以显示其富丽堂皇的正门。与之相对的，较高的街角建筑紧贴着人行道。由于这些建筑更靠近人行道，在街区的两头，他们似乎都在缩窄街区入口。因此它们创造了一个暂停，一座勉强的大门。它是一个街区的标志，或者说至少它意味着住在街道中间的人与住在街道上的人有着些许不同的世界观。街角的第一个建筑通常会加高，这些建筑的奇异造型强调了从繁华的大街到小巷的转折（图 201）。

正如成对的建筑那样，成对的留白也能成为恰当的暂停。例如，在纽约皇后大道的后面，沿大街排列的高楼大厦和小路旁低矮住宅之间的

图 200　爱德华·霍珀于 1931 年所作的水彩画《公路》，图幅尺寸为 20 英寸 ×28 英寸，收藏于美国惠特尼美术馆

图 201　纽约市第 12 街街角的第一栋建筑。楼梯间塔楼的造型是为了协调该建筑与其左右两侧建筑的建筑退线

图 202 纽约市皇后大道旁的一处公寓，其后的小巷形成了一个空隙

空间也能营造出暂停的感觉。6 ~ 7 层高的住宅楼紧贴大道两旁的人行道，在后部留出了条形的后院、停车场，或者是小巷。当人们在这里拐弯时，这些开放空间标志着从繁忙的大街到幽静的小路之间的转折（图 202）。同样的转折也出现在一些小镇中主要街道的商店和路口小路旁的房屋之间。商店后面的服务区域是商业区和临近住宅区之间恰当的暂停之处。商店和住宅之间空隙的尺度也会加强这种转折，因为它们通常比住宅间空隙的尺度大。

由不同建筑师设计的不同风格的建筑组合所组成的恰当的暂停，因建筑师共同的形式感和文脉感，往往经过漫长的时间才为人们所发现与欣赏。不幸的是，在过去的几十年里许多建筑师已经丧失了这种能力，例如在 1980 年，一群芝加哥建筑师重新组织了一次 20 世纪美国最有争议的建筑竞赛之一，这就是 1922 年的芝加哥论坛报大厦建筑竞赛，1922 年，作品由豪厄尔斯和胡德设计，竞赛从许多知名建筑师，例如伊里尔·沙里宁、埃里克·门德尔松、阿道夫·路斯和沃尔特·格罗皮乌斯等方案中胜出。在 1980 年的竞赛中，建筑师被要求提交一个假想方案。这些提交方案后来在《芝加哥论坛报大厦竞赛最终入围作品》展览中展出，随后也被写入随展览发放的小册子中。然而，"没有一个参赛者把论坛报大厦放在城市的环境中去考虑。"[6]没有人关注到密歇根大街的全景。参赛者忽略了特里比恩塔旁边的空地，而这里是芝加哥河河边创造一处暂停的绝佳地点（图 203）。如果在赖格里（Wrigley）大厦的对面，桥的尽头建造一栋新的建筑，那么这里就会形成一个大门，同时让豪厄尔斯（Howells）和胡德（Hood）设计的帅气的办公大楼显得与周围格格不入。

有时候一座大门也可能是一处完全没必要的暂停，这种暂停以社区利益为代价满足了私人利益，例如在亚特兰大市，建筑师用象征性的大门来凸显泰姬玛哈赌场。亚特兰大市的许多赌场都面对滨水栈道。行人和小推车在赌场边来回穿梭，另一边的不远处就是滨水。赌场的大门矮而宽，吸引着过往行人。泰姬玛哈赌场靠近赌场街的一端。从栈道上望泰姬玛哈赌场，第一眼看到的是一座封闭的人行天桥，它跨越了水体和赌场，是栈道上唯一的天桥（图 204）。从远处看天桥就像是一座大门，

图 203　芝加哥密歇根大街的桥。左边是由格雷厄姆·安德森、普罗布斯特和怀特设计建造的赖格利大楼，右边的是由豪厄尔斯与胡德于 1925 年设计的芝加哥论坛报大厦，注意右边醒目位置的停车场，摄于 1950 年

图 204　新泽西州亚特兰大市泰姬玛哈赌场旁跨越便道的人行天桥

微妙地暗示着穿过这座门后，木板路的特征可能会有些改变——从奢华的赌场和赌徒发财的美梦变到一些也许没有那么高价值的东西。泰姬玛哈赌场的大门位于桥的下面，提升了某种建筑学上的暗示，即人们不需要也不应该走过这座天桥形成的大门，而是在这里停下，进入赌场。如果泰姬玛哈赌场的竞争者在隔壁的赌场也建一座天桥，那么泰姬玛哈赌场就被第二座"大门"挡住了，而第二座大门比第一座更接近木板路的中心。如果在这样一种疯狂的竞争投资环境下，所有赌场都建起了天桥，那么所有赌场就都丧失了建筑学上的优势。

　　无效暂停的另一个案例是一对位于街道两旁、正门面对彼此的大楼。这种情况在美国不常见，不过若是真的出现了这种情况，则意味着冲突。我们不希望走在路上有什么障碍，但是在这里我们必须放慢脚步，看看有没有人从一栋建筑穿过马路到另一栋建筑。

　　在福蒙特州一条小路两旁有一个农舍和一个挤奶仓正对彼此，这形成了偶然的模糊性（图 205）。在乡下，两座建筑的相互关系如此紧密暗示着他们有共同所有权；当我们接近这里时我们放慢速度，看看有没有小孩和离群的动物经过，还要看看有没有洒在人行道上的牛奶。

　　位于曼哈顿的艺术公寓由两栋建筑组成，一座被东 44 街分成两部分的住宅综合体也暗含了这种虽然分离但是由建筑关系而联系在一起的手法。这两座建筑几乎一模一样，暗示了共同所有权和内在的联系（图 206）。这条街上的大多数建筑都紧贴人行道，而这两栋大楼仅稍稍退后人行道几步的距离；一对美国国旗和相同的顶棚加强了他们之间的联

图 205　佛蒙特州的农屋与谷仓

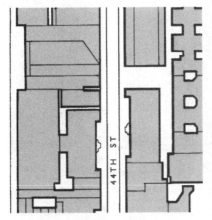

图 206　纽约市"布札"风格的公寓,由雷蒙特·胡德和肯尼思·默奇森 1931 年设计建造。左为平面,下为从第 44 大街看去的景象

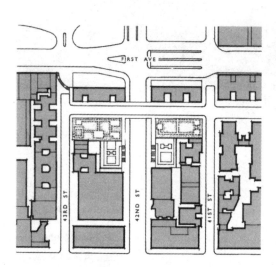

图 207 纽约市的都铎城，弗雷德·F·弗兰奇公司，1928 年。上为总平面图，右为从东面看去的景色

系，我们可以想象有一个租住群体分别住在两栋建筑中，他们会不停地打电话给对方，让对方到自己这一边来参加下一个会议。同时过往行人和车辆就需要减速，以免撞上过马路的人。被街道分隔的两栋一模一样的大型住宅建筑通常有着这样的混合含义。在美国互相关联、风格相似的建筑似乎并不适合让公众轻易的穿过，除非这些建筑标志着过渡和转折。

都铎城（Tudor City）是一个位于曼哈顿的公寓综合体（东 42 大街的两侧各有一栋建筑），其成功地避免了上述难题，因此这也成为这个项目具有巨大吸引力的原因之一。都铎城围绕着 42 街两侧的两个公园建设，而这两个开放空间比道路高 1 层楼，中间由一座跨越街道的桥梁相连（图207）。这座桥梁既供行人通行，也供车辆通行。它把两栋建筑连接起来的同时，也创造了类似大门的过渡物。这座大门恰巧位于 42 街下方，穿过这座门就能到达联合国总部大厦（建造时间晚于都铎城，位于 42 街和第一大道交叉口的东北角）。

如果我们到达了一个终点，我们会想要停下来，例如到了联合国总部大厦。但是如果当我们不知道我们是到了终点或是在路上时，"道路"是模糊的。位于都灵的维托里奥·维内广场是一个方形广场，它曾经被有轨电车车道分成了两部分，那时的维托里奥·维内广场就是这种无意识模糊的典型案例（图208）。虽然历史学家保罗·扎克认为这个广场"可能是意大利最完美的古典广场。"[7] 但是一个美国人也可以把这个广场看成是一出意大利喜剧的舞台。在这里一群人聚集在广场中央的舞台听演说家演讲，同时一辆有轨电车要穿过人群，它离舞台可能只有一拳宽。电车司机对着人群大叫"别挡路，快闪开。"而演讲者则对着电车司机大喊"快退回去。"所有人都在喊叫，没有人愿意让步。因此这个广场传递了冲突的信息，它给予了运动和停止同样的分量，形成了无意识的模糊性：广场中心有车辆穿过，意味着"行进"，同时广场周围的建筑意味着"停留"。

在曼哈顿，史蒂文森广场公园和第二大道之间的关系也很模糊，这种关系暗示着一种"不能让人待在那"的停留。这个公园没有真正的中心：它不是单一的实体（图209）。第二大道把它一分为二，形成了两个大小相等的公园。虽然它们名字一样，但又都是独立的设施，暗示了公园的使用者将公园中心割让给了驾驶员和乘车人，但是这些人不会停下来进公园享受一番。这个公园要么只需要现在的一半大，要么就需要一个真

图208 意大利都灵的维托里奥·维内托广场

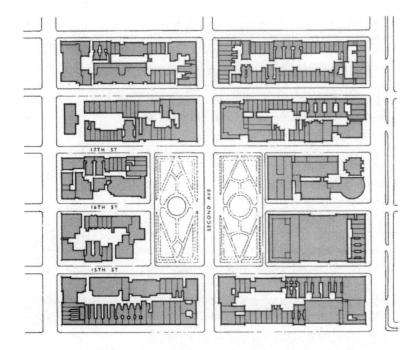

图209 上: 纽约市史蒂文森广场公园

图210 右: 波士顿大众花园与公共花园鸟瞰, 摄于1950年。图中显示了查理路从两个形状不同的公园间穿过的场景。公共花园在山地上, 大众花园则在一片平地上

正的中心（而不是以一条大马路作为一个"虚拟"的中心）。否则，马路上的交通就会受到影响。与之相反的是，波士顿市民运用历史环境和不同的命名避免了查尔斯大街上无意识的暂停带来的混乱信息。查尔斯大街穿过了这座城市两个最重要的开放空间。虽然草坪最初看上去像是单一的实体，但是大街两边的草坪分别有不同的特点和布局。查尔斯大街的一边是波士顿 Common 公园，另一边是波士顿公众公园（图 210）。

　　横跨弗吉尼亚威廉斯堡中心格洛斯特公爵大街的集市广场也有无意识的模糊，因为这个广场也被街道分成了两部分。威廉斯堡最早的地图可以追溯到 1782 年，当时威廉斯堡已建镇超过 75 年，在这张地图中已经可以看到一条大路穿过城镇中心。[8] 当时的道路和广场都满是杂草，然而，人们已经意识到这个广场应该是一个大的开放空间而不是被街道分成两个地块（图 211）。最初的规划师弗朗西斯·尼科尔森（Francis Nicholson）是否设计了这种布局我们不得而知，但是由于历史上的规划不精确，如今这条路确实把广场分成了两个部分。由于这两部分尺度相同，没有哪个占主导地位，并且在中间穿过的街道也消灭了中心。如果其中一个地块成为私人用地，或者将两部分合并为一个整体让车辆绕行，那么今天的威廉斯堡必将从中受益。

　　第五大道上的大都会博物馆创造了另一种无意识的暂停。正如博物馆对于纽约的文化生活是必不可少的一样，从三个方向界定大都会博物馆边界的中央公园对于这座城市的公共空间等级却更加重要。当我们沿第五大道行驶时，我们想要把中央公园全部走一遍——我们期待继

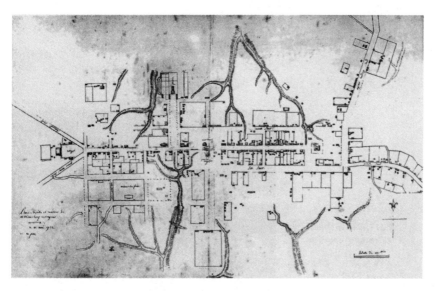

图 211　弗吉尼亚州威廉斯堡在 1782 年的平面图，建于 1782 年，标明了位于集市旁的火药库与法院，也显示了主干道始于总督府，结束于格洛斯特公爵街。如今当初道路尽头的房屋已经消失了，道路延伸向地图上方的树林中

续前进。然而博物馆就坐落在街道旁，挤压着第五大道另一侧的建筑（图 212）。博物馆使我们减速，因此制造了一个暂停，博物馆把中央公园分成了两个单独的部分，它让人们过度地注意到了它的存在（见图 64）。

　　因此这个暂停可以类比成公路一侧的一个广告牌面对着另一侧的多个广告牌（图 213）。广告牌和博物馆都让周围环境变成了附属品，它们获得的关注超过了人们所打算所给予的。弗雷德里克·劳·奥姆斯特德（Frederick Law Olmsted）一开始就在中央公园内部为博物馆预留了建设场地。克拉卡特·瓦格斯和雅各布斯·瑞·珍德最初设计的博物馆也在

图 212　纽约市大都会博物馆

图 213　路边的广告牌

图 214　纽约市中央公园的阿森纳俱乐部，马丁·汤普森 1848 年设计建造。这是第五大道上的外观

图 215　纽约市中央公园以西的自然历史博物馆，图为鸟瞰图

公园里面，距第五大道很远，从而保持了中央公园沿第五大道的连续性。然而理查德·摩里斯·亨特、麦肯姆、米德和怀特，后来对博物馆进行了加建，加建后博物馆的正门就面对了第五大道。

相比之下，大都会博物馆南面 20 多个街区外的前纽约兵工厂对中央公园的影响却大不一样，这栋建筑在公园建成前几年就已经存在了，它非常小并且退后第五大道足够远，因此看上去像是被树木包着了（图214）。我们既能看见郁郁葱葱的兵工厂，也能从第五大道上看见连续的公园。建筑评论家保罗·古登堡认为兵工厂是"有资格进入中央公园的少数几个建筑之一。"[9]

在中央公园周围，还有一些无意识的暂停削弱了中央公园的围墙（译者注：公园周围的建筑立面将像墙一样把公园围起来，此"墙"并不是字面意思上的"墙"），其中一个例子是庄严雄伟的自然历史博物馆，它在中央公园的西边，与公园隔街相望。只有博物馆的中间部分和入口台阶紧贴人行道，其他部分都被草坪环绕（图 215）。因此，博物馆看起来像是围墙上的缺口。

不幸的是，博物馆的对面是中央公园——一个更大的空隙，在某种程度上形成了双留白。如果整个博物馆都像中央公园西边的其他建筑那样与街道齐平，并将草坪放在建筑的后面，那么便创造了一种更舒适的复杂性，而且建筑仍然是独立式的，仍然凸显了建筑的重要性。

图 216 纽约市的第五大道。右为其东北向视角，再右为平面图

博物馆不仅依旧可以吸引人们的注意力，并且同时是连续的建筑立面体系的一部分，限定着公园边界，而不是创造了一个没人想要的暂停或突变。

在中央公园周围，还有其他一些无意识的暂停，其中最没有必要的就是第五大道和 79 大街的交叉口，路两边都是高大的公寓楼，它们退后街道，但却没有任何合理的建筑学理由，因此不仅削弱了转角的感觉，同时削弱了公园的围合感（图 216）。

由于现代建筑倾向于独立布置并刻意表现其结构，因此现代建筑创造了许多无意识的暂停和模糊的暂停。由 SOM 事务所设计的自由一号大厦位于下曼哈顿百老汇大街上，它替代了优美的里格大厦。自由一号大厦就创造了这样的暂停，更加夸张的是这座建筑贬低了街对面一座同一家公司之前设计的建筑。自由一号大厦是一座办公楼，旁边有一个邻街区的公园，它们都在百老汇大街的一侧（图 217）。公园从百老汇大街开始沿街道方向向下倾斜。由于在现行的地区法律中这种高层建筑必须要有额外的开放空间，所以公园和建筑是融为一体的。

在这栋 54 层高楼建成的 7 年前，SOM 事务所设计了另一座大楼，

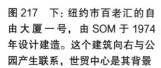

图 217　下：纽约市百老汇的自由大厦一号，由 SOM 于 1974 年设计建造。这个建筑向右与公园产生联系，世贸中心是其背景

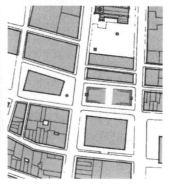

图 218　上：百老汇 140 号前的购物中心，由 SOM 于 1967 年设计建造

图 219　左：下百老汇总平面图，1995 年

这栋大楼最初名叫 MM（Marine Midland）大厦，它在公园的对面，有自己的广场（图 218）。这座建筑是一座不规则细长型的黑色现代建筑，在入口广场上有一个野口勇设计的红色立方体，这个雕塑在建筑门口，统领着小广场。当一个人沿百老汇大街向南走时，广场和雕塑共同在路两边的连续墙创造出了兴趣点，这个倾斜的立方体仿佛在旋转。这个有立方体作为重音的广场，创造出完美的围墙中的缺口。

　　然而，当自由一号大厦建成后，百老汇大街两旁面对彼此的两处留白创造了一个无意识的暂停（图 219）。这个暂停并没有标志着边界或转折；百老汇大街的特征也没有改变，这个留白的南北两边都是商业街。街道一边的公园吸引了我们的注意力，从而削弱了我们对野口勇的雕塑的注意。这个公园还将我们的视线吸引到它本身的下坡，因此我们的视线会穿过一个街区，注意到正在施工的世贸中心发出的嘈杂声。

　　无意识的暂停还会破坏最优质的街景。其中一个例子是纽黑文的查佩尔街，这是一条重要的商业街，同时是耶鲁大学的边界。街道靠校园的一侧有四栋连成一排的不同风格的建筑，构成了一组十分精美的建筑序列（图 220）。这四栋建筑分别是彼德·B·赖特设计的哥特复兴式街道厅；麦格顿·斯图亚特设计的新罗曼式艺术画廊，路易斯·康设计的极简主义的画廊加建部分，保罗·鲁道夫设计的粗野主义的现代艺术和建筑大厦。街道厅和艺术画廊分别面对面坐落在街的两边，一座封闭的跨街天桥将它们连接，同时也形成了一座象征性的学校大门。康的画廊加建部分紧贴艺术画廊，也是这组建筑布局的关键部分。加建部分前门 - 后门的象征手法非常具有美国特色。康在这座建筑上的每一层都运用了玻璃幕墙和装饰砖，建筑的外墙有殖民地风格的影子，只在入口处饰有隔板，是典型的美式入口，其表明了象征性的意图比建筑风格更加重要。加建部分和老馆高度相同，退后街道的距离也相同，这种布局让人们联想到位于加利福尼亚威尼斯由弗兰克·盖里设计的一组建筑的布局（见图 127）。

图 220　康涅狄格州纽黑文市的谢帕尔大街，上为北立面图，下为总平面图（这些图由保罗·鲁道夫于 1962 年绘制）。从平面可以看出，隔着谢帕尔大街的各式建筑像实墙一样将校园围了起来

　　在这里每一座建筑都依次更贴近街道，将我们的视线引向约克街和查佩尔街的拐角处，在透视学上形成了一种变形，这种变形类似米开朗琪罗设计的卡皮托广场（见图 144）。这种常规的虚实结合韵律让我们的视线穿过建筑看到一条延伸至路口的长长的矮墙。鲁道夫设计的具有强烈的粗野表现主义倾向的建筑（见图 65），它位于远处约克（York）街和查佩尔（Chapel）街的拐角处，是这一组建筑的结尾。查佩尔街在鲁道

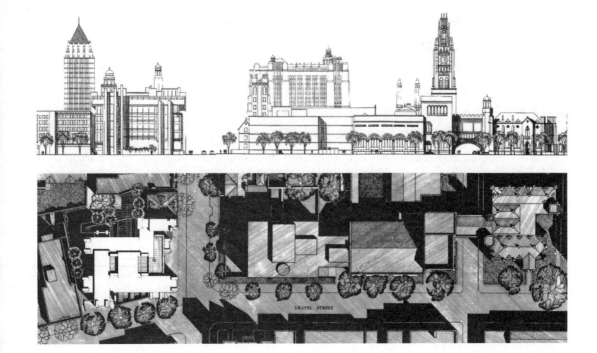

图 221 大英艺术中心
的庭院，建于 1974 年
这是从街对面艺术展
廊看过去的景象

夫设计的建筑前有轻微的转向，暗示了这一重复乐章的终结，文森特·斯喀利称这一序列是"不同时代的人之间的连续对话……跨越时间发展的环境。"[10]

这组建建筑布局的整体效果也取决于查佩尔大街远处一长排默默无闻的伙伴，这些无名建筑在上述四个建筑对面，紧贴着人行道，它们是这一幕建筑话剧的背景。这些建筑中的大多数后来都被拆毁了。然而当耶鲁大学选择了路易斯·康来设计一座新的英国艺术中心时，康同时沿街道在建筑北面为艺术中心设计了一个下沉广场。虽然博物馆本身紧挨着人行道，但是这个下沉广场形成了一个留白，这个留白正对着康早先设计的画廊加建部分的凹口（图 221）。这两处留白在街区中间，共同暗示了暂停。虽然这个暂停很简短，但它制造了混乱；康的第二个设计无意中降低了他早先设计的建筑布局的价值。

有些暂停非常不合适。例如，Grand Army 广场是纽约市备受尊敬的地标之一，由奥姆斯特德和沃克斯（Vaux）设计，是中央公园的一部分。然而它也是全美国最不合适的暂停之一。这个广场位于第 59 大街的西南角，它实际上是中央公园的延伸部分，结束了街道上的穿行——它优雅地提醒着人们从这里往北是豪华住宅区，往南是高档商业区（图 222）。虽然后来更高的公寓和酒店代替了原来的公馆，但它们依旧紧贴着人行道。例如麦克金、米德和怀特设计的萨伏伊（Sovoy）大厦在 40 年的时间里正对着 Grand Army 广场，它有着连续的两层高的裙楼和两翼更高的建筑，有效地框住了广场（图 223）。在伊利亚·卡赞（Elia Kazan）执导的电影《君子协定》（*Gentleman's Agreement*）开场一幕中，格利高里·派克（Gregory Peck）从豪华轿车里走下来，背对着广场喷泉进入酒店。从这一优势视角来看，派克身后的格兰特·埃美广场仍然是一处留白和优雅的转折点。

萨伏伊大厦建成一年后，一座新的伯格道夫·古德曼大厦在格兰特·埃美广场的南侧落成，伯格道夫·古德曼一直保留了下来，然而萨伏伊大厦却被拆毁，取而代之的是通用汽车大厦。这座白色大理石大厦由爱德华·杜瑞尔·斯通和伊芙瑞·罗斯还有他的儿子共同设计完成。通用汽车大厦占据了第五大道到麦迪逊大街之间的整个街区（图 224）。这座大厦退后第五大道一段距离，斯通（Edward Stone）在这里插入了一个大的下沉广场。这个广场类似于洛克菲勒中心的下沉广场，与街对面格兰特·埃美广场形成对景。

在通用汽车大厦建成前，第 59 街的转折是明显的，也是平稳的。中央公园在我们后面，格兰特·埃美广场像是一个楔子，让我们沿着下坡

图 222　左：第五大道南视景象。摄于 1923 年，显示了很多纽约市的历史建筑

图 223　右：位于纽约市第五大道 58 与 59 街之间东侧的萨伏伊酒店，由麦克金、米德与怀特设计建造于 1928 年。57 街与 58 街之间西侧为伯格道夫·古德曼大楼，由布克曼与康于 1928 年设计建造。此图摄于 1931 年

图 224　中央公园东南角的鸟瞰，图中建筑为大众大楼。由爱德华·杜瑞·斯通与伊莫瑞·罗斯于 1968 年设计建造

向南走。现在当我们沿第五大道往南走时，我们会遇到两个广场组成的难看的留白（图 225）。这两个留白并没有标志着中央公园的边界——我们到达这里时已经经过了边界。第五大道上的暂停晚了一个街区才出现并且毫无目的。有效地暂停能够提高一段旅途的价值，无意识的暂停也能让旅途个更加乏味，例如通用汽车大厦。这个双重留白的错误强烈地告诉我们这样一件事情，如果我们想要在旅途中创造一个留白，我们脑中必须要有边界环境的概念。

图 225　第五大道的 59 街。左上为平面图，上为南视景象

第 6 章

在十字路口处

把什么放在中间成为一个棘手的问题。

斯皮罗·考斯托夫（Spiro Kostof）

《城市形态》

称赞旅途中独特的场所让旅行变得有意义。不过在一片崇尚无障碍行动的国家，这一点经常变得十分困难。在美国开放的十字路口上，这项任务变得尤其困难。

历史上，我们曾用简单的十字路口组织城市。比如，第一个清教徒殖民地建于 1621 年，它就是马萨诸塞州的普利茅斯，当时人们计划将它建在一个十字路口周围。如今这个最初的定居点早已被现代的城镇所掩埋；不过人们在原址附近复建了这个村庄并对游客开放。基于重建的记录可以看出“当初人们缺乏建设工具，使用的工具也很简单”。[1] 实际上村庄的平面就是两条泥泞的小路。麦尔斯·坦迪什同与他一起定居在这里的人把土地分成小块，然后沿着从海边到山顶堡垒的小路两侧修建房屋。木屋的前门对着街道，于是街道就成了定居点的中心。沿着普利茅斯的主路从海边向山顶走到一半时，一条路分成了两条路。为了划定人们的居住的地界，岔路两旁的土地也被分成小块。这种划分方式本身就是民主的有力象征。术语“建筑用地”也源于此。[2] 在两条重建街道的十字路口上有一个小炮台，炮台没有什么纪念意义，建在这里是因为可以向四面射击。除此之外定居者还用木栅栏围住村庄保护人们的安全。

从上往下看，村庄的道路和村庄周围的栅栏像是被拉紧的纸张和小孩风筝上交叉的木棍，定居点最大的特征是村中心的十字路口（图 226）。这种设计一定具有象征性的特殊意义，因为在选择这里作为定居点时，

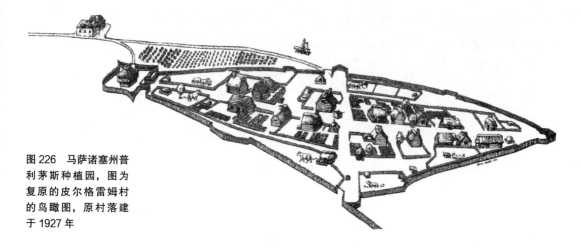

图 226　马萨诸塞州普利茅斯种植园，图为复原的皮尔格雷姆村的鸟瞰图，原村落建于 1927 年

定居者放弃了其他的更安全的选择，他们本可以在山脚周围筑起坚实的栅栏，就像意大利的筑防城镇那样。[3]若是邻近的瓦姆帕诺亚格印第安人对普利茅斯直接发起攻击，而不是从山脚一间一间的攻占房屋直到到达山顶要塞，他们便可以轻而易举地从后山爬山来直接攻击并烧毁堡垒。

　　许多早期的美国城市都在城镇中心建有开放的十字路口（图 227），例如规划于 1677 年的位于新泽西州的伯灵顿市。"四角地"的概念十分流行，人们甚至认为它是一个神秘的小镇的名字。这些早期的小镇和 1785 年通过的土地法令都反映了我们对长直街道和开放的十字路口的热爱，因此这两点似乎成了美国特色。土地法令将没有归属的国家土地划分成网格状，每块土地 1 平方英里，约合 640 平方英亩。这些土地通常会再分为四块，然后再细分成更小的地块（图 9）。相应的，通常也有沿方格网的道路把这些小地块连接起来。*

　　在一个大胆的举动下，大陆会议重新划分了国家的行政区划，划分后出现了许多新地名，其中大多数地名立法委员们也没有见过。同时原本划分的地块依然清晰可见。如今的美洲大陆上，通过观察航线与地面上方格网农场的偏离度，飞行员就可以准确地知道航向。

---

* 像美国国旗中的条纹一样，美国东西向的道路可以绕地球一周，南北向的道路却汇合在南北极点。为了补偿南北线带来的面积减少并保持每块土地大小相等，西部的勘测员偶尔会"失去"土地，因而会让南北向的道路不正对南北方向。在蒙大拿州这些失去的部分是青少年的非正式地理教育的基础理论。那些沿着东西向道路驾车游玩的人就没有问题了，因为道路总是连续的。而那些沿着南北向道路行走的人则会痛感对经度和纬度的区别知之甚晚，因为有些道路很可能突然终结在一片农田里。

土地法令同样影响了州与州的边界。这些边界线通常与切割线重合，因而许多边界线是长达数百英里的直线，而且西部的几个州几乎是长方形的。从五大湖到太平洋的美加边界线也是一条直线。这条边界是勘测员而不是士兵们划定的。在欧洲这是不可想象的。

在美国最富戏剧性的十字路口——四角地（Four Corners）是科罗拉多、新墨西哥、亚利桑那、犹他四个州交汇的地方。这个交汇点是一个抽象概念：地上只有一个巴掌大的点，标明了四个州交汇的确切地点。交汇处周围只有停车场和帐篷，当地人在帐篷里出售珠宝和沙画（图228）。

这个交汇点位置偏远，然而到这里旅游的游客数量却很稳定，因此这个点有着象征性的意义。交汇点提醒我们在美国各州的独立管辖权并不冲突。四角地的四个角别属于不同的州，但是从这片土地又十分广袤，因此四个州又是一体的。这个交汇点是一个强有力的象征，这种象征不亚于1000多年前阿那萨齐印第安人挖的大地穴。

虽然四角地是一个行政管辖的边界而不是道路交叉点，这个处在中点的小标志揭示了美国的另一个特征——人们可以随意的穿过中心而不受到任何阻碍。美国人喜欢把景观规划成方格网状，并且喜欢畅通无阻

图 227　新泽西州伯灵顿平面图。绘制于 1797 年

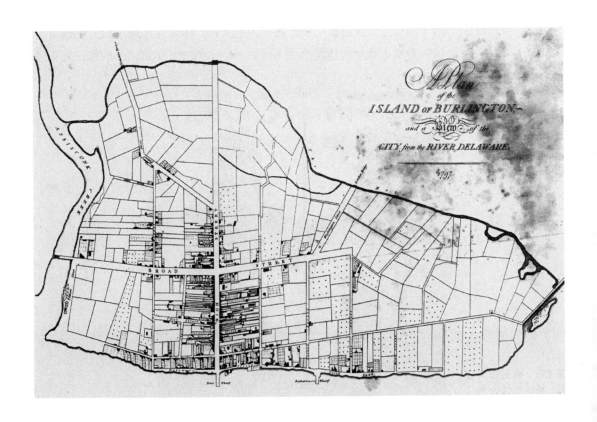

的感觉，这两点使得美国的大多数十字路口更像是旅途中的坐标而不是目的地。美国人在旅行时大都喜欢沿着一个方向走，转弯后再沿着另一个方向前进。在美国"拐弯"表述的是过程。人们问路时经常会听到这样的回答，"向出城的方向走几英里，第一个路口右拐，你一定会看见的。"即便是在高速公路上我们也是沿着道路坐标而不是朝着目的地行驶："开上通往新泽西的 I－80 号公路然后向南走，开大约 20 分钟到达 15W 出口，然后右转上北地大街。"我们热爱机动性，因此路口对我们来说只是改变方向的地方。

通过街道的命名方式，我们可看出美国人和法国人对待十字口的区别。在法国，每一个重要的建筑物、交叉路口或者一个值得暂停的转折点都可能意味着路名的改变。例如巴黎的 Saint-Honoré 路变成 Saint-Honoré 郊区路然后又变成 Ternes 大街。[4] 在美国无论一条路经过了什么，朝着一个方向的路只用一个名字。日落大道从洛杉矶市中心通向海边，百老汇大街从曼哈顿的最南端开始，在纽约上州结束，1 号公路从东海岸美加边界开始直到佛罗里达州的基韦斯特结束。

我们喜欢开放的中心，不过这一点似乎没有包括费城——一个著名的由十字路口规划出的城市。在费城，一个纪念碑式的市政厅敦厚地坐落于两条主要街道宽街和市场街的交叉口。1682 年威廉·佩恩把这里指定为费城市政厅的建设地点（图 229）。大约 200 年后，小约翰·麦克阿

图 228　纳瓦霍人沙画。绘制于 1989 年

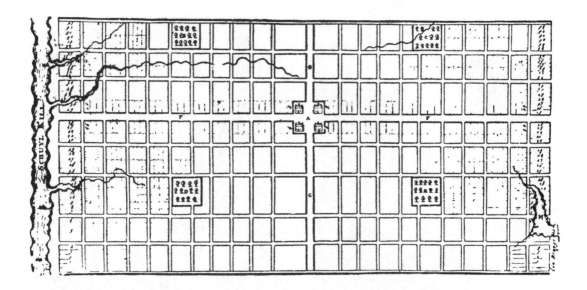

瑟和托马斯·U·沃尔特（图 230）设计的市政厅强化了佩恩的理念——用一座重要的纪念碑式建筑标记这个交叉点。因此，人们经常称赞佩恩的平面是方格网规划中少见的具有启发性的案例。

图 229　威廉·彭于1682 年绘制的费城平面图

　　然而事实上佩恩把中心空了出来，他本打算让街道穿过中心，将中心一分为二，创造一个被建筑包围的交叉点，就像其他几个典型的宾夕法尼亚东部城镇，例如同时期规划的伊顿和兰开斯特。费城原本的规划类似普利茅斯，这种规划重视移动性，轻视场所感，希望将中心做成开放式的，不希望让道路终止在城镇的重要地点。*

　　在美国对无障碍交通的关心通常有着更深层的价值。我们对在交叉口中心建造纪念碑怀有复杂情绪，即使在这里建造纪念碑极具意义或者纪念碑不会阻碍交通。在美国开放的道路和开放的十字路口等同于自由。人们一点儿都不喜欢被阻挡的感觉或被迫转弯，无论阻挡我们的是国王雕塑还是其他显著的障碍物。

　　即使是费城市政厅的建筑师也对在中心放置这么大的一个标志物感到十分矛盾。虽然市政厅坐落在十字路口的中心，并且市政厅塔楼与南北向的宽街在一条直线上，但是它却在东西向轴线市场大街的北面（图 231）。

　　关于是否突出中心，人们一直是矛盾的，最著名的案例是罗伯特·米尔斯设计的华盛顿纪念碑，这个纪念碑原本要放在两条著名的林荫道的

---

* 佩恩规划中，有四个 8 英亩大的正方形公园，这是规划的显著特征。这些公园只有某些部分与道路边界相接。如果按规划建设，那么这些公园会和临近的建筑产生模棱两可的、类似于前门—后门的尴尬关系。

图 230　上：费城市政厅，由约翰·马可奥塞和托马斯·U·沃特尔设计及建造于 1874～1880 年。拍摄于 1908 年，南向视角

图 231　上右：市政厅东南视角，摄于 1994 年

交叉口，一条来自白宫，另一条来国会。华盛顿特区的城市规划师朗方，原本打算在这个路口放置一座华盛顿骑马雕像以凸显路口的价值。然而，鉴于新生的共和国以平等立国，这样一座雕塑的确不是一个合适的象征。丹尼尔·布尔斯廷发现"美国民主在这个具有超凡魅力的雕像面前十分尴尬，因为我们害怕骑在马背上的人。"[5] 在决定雕像面向哪边时人们也产生了很大的争论。如果我们的首任总统面向国会大厦，那么将会削弱白宫和各个行政部门的重要性。另一方面，如果华盛顿雕像面向白宫，人们会认为这是自我膨胀。评论家海格曼和皮特认为若是不管象征方面的矛盾，雕像最好是面向国会大厦，因为这是一条较长的轴线。他们将此问题与法国协和广场相比较，法国协和广场的路易十五骑马雕塑是面向丢勒里宫还是玛德琳教堂呢？最终选择了丢勒里宫，因为这条轴线更长。[6] 因为在朗方规划华盛顿的同时，一座 50 英尺高的路易十五骑马像已经面向了更长的丢勒里宫轴线。

　　后来皮特画的草图显示华盛顿的马面向了南边，侧面对着国会大厦，背对白宫。无论侧对还是背对都是不幸的选择。[7] 大多数美国未开垦的疆土在西边。更重要的是，每一位美国总统从白宫望去，视线都会穿过白宫南草坪一览无余的看到马背（图 232）。

　　争议持续了半个世纪后，罗伯特·米尔斯设计的一个巨大的方尖碑似乎解决了象征是否恰当这个让人们一直犹豫不决的问题。尽管如此，这个纪念碑还是没有放在两条轴线的交点上。据称是恶劣的土地条件使得政府把纪念碑移到了偏向东边的地方，因为这里地势更高，这就使得纪念碑完全偏离白宫轴线并轻微偏离国会轴线（图233）。现在回过头来看，工程方面的争论导致的这一改变显得难以令人信服。建筑师几个世纪前就知道如何在沼泽地上盖楼。例如整个威尼斯城都是建立在桩柱上的，对于单个建筑而言，例如 17 世纪建造的安康圣母教堂，建筑师 Baldassare Longhena 在建筑下面支起了 1156627 根柱子。[8] 华盛顿纪念碑与安康圣母教堂相比，应该不缺建设费，华盛顿纪念碑应该坐落于两条连接最重要建筑的轴线交点上，为实现这一点花点钱也是应该的。

　　那么我们为什么让方尖碑偏向一侧呢？可能是把纪念碑放在两条伟大轴线的终点所具有的象征意义对美国人来说没什么吸引力，还不如把它放在更高的地方。不在轴线上放置伟大的纪念碑完全符合美国价值观，即便是我们国父的纪念碑。

　　城市中心应该开放还是封闭？一些早期的美国城市似乎将这一问题搪塞了过去，例如 1769 年规划的俄亥俄州克利夫兰（图234）。虽然克利夫兰的中心广场暗示人们停止，但是又长又直的街道暗示着车辆可以加足马力穿过去。就像在威廉斯堡的平面中，与克利夫兰一样的边界围绕着一些私有土地。由于当时还没有机动车，规划师也不用重视公共空间中的车行优先权，克利夫兰的中心绿地和街道是一体设计的，马车偶尔会穿过绿地，但是售货小推车和吃草的牲畜也会不断地给通行制造麻烦。

　　更为普遍的是，我们热爱无障碍的行驶，因此我们通常直接让中心开放，就像俄亥俄州的哥伦布市。虽然它是该州的首府，但是规划师并不认为哥伦布市中心适合建立州议会大厦。相反，1812 年的城市地图标注城市的中心是两条街道的交叉口。一条是百老汇街（Broad Street），另一条街道是高街（High Street），百老汇街两旁坐落着豪华住宅和城市美术馆，这条街道还曾经是旧的 40 号公路，40 号公路向西一直穿过整个国家。在特定的角度，高街是城市主要的南北向商业街。"又宽又高"意味着闹市区。哥伦布市基本上坐落在俄亥俄州的地理中心。因此这个十字路口理

图 232　乔治·华盛顿的骑马雕像

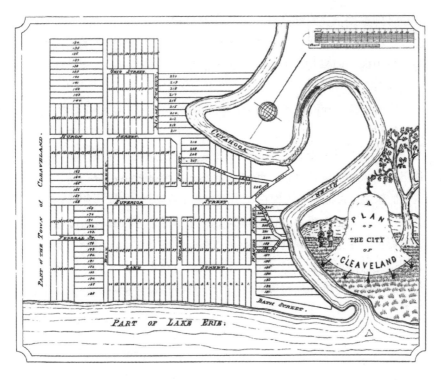

图 233 对页：华盛顿纪念碑，罗伯特·米尔斯，设计建造于1848～1885 年。图示是从十六大道向南视线穿过白宫所看到的景象，所以杰斐逊纪念堂也在照片中。显示了这座纪念碑不在白宫的轴线上

图 234 左：俄亥俄州的克利夫兰市平面图，绘制于 1796 年

应是建造州议会大厦的完美地点，但是这个建筑物却建在了路口四周的一个角上（见图 160）。俄亥俄州最重要的建筑物不如百老汇街畅通无阻的交通重要，因为百老汇街横穿整个大陆（图 235）。

俄亥俄州杰斐逊市在 19 世纪初逐渐成为小镇，1874 年杰斐逊的地图显示了这座城市试图同时创造场所感和运动感的矛盾（图 236）。杰斐逊的中心广场类似克利夫兰的中心广场，不过一些位于中变的小广场却有截然不同的特质。穿过广场的点状直线暗示了公共通行权，同时也显示出制图者本身的模棱两可，就好像制图者希望广场是完整的，但他也知道如果广场作为市场使用，将会十分拥挤；如果用来放牧，又太小；如果让马车畅通无阻的通过，那么这里和传统的十字路口就没有任何区别。

尽管开放的中心十分吸引人，但是规划师也通常认为连贯的建筑布局不能与开放的十字路口相剥离。没有雕塑、建筑，或者方尖碑的十字路口是抽象的。比如，皮特认为好的规划必须带给人"具象的体验"，而不能只是机遇观察者对美国历史、美国政府的知识概念的设想……规划布局必须是理性的而不是拍脑袋想出来的。无论你站在哪儿，看着哪儿，你都可喜欢它而不需要图解。[9]

皮特的偏见来自他对欧洲文艺复兴和巴洛克时代的倾慕，那时的欧

洲设计师建造了大量庄严壮丽的十字路口和广场。从文艺复兴开始，欧洲建筑师们就在竭尽才思去追求理想范式。他们意识到广场周围的建筑与广场中的空间是相关联的，于是他们相信两者之间存在完美比例。当建筑的高度改变时，广场的空间特性也随之改变。

然而，设计师们仍然将通向广场的街看作是为了炫耀沿街道的设计。但是1585年教皇西克斯图斯五世分布的罗马城的平面规划，它的特征在于一条狭长的景观带直接通向重要的建筑或纪念碑，并在这里终止，这让巴洛克风格的建筑师们意识到街道是艺术整体的一部分。街道可以是两旁的建筑所形成的宏大留白，街道和建筑在街道的终点都得到了升华。

相反，美国人想要宏伟的建筑，却并不想让建筑具有统治性，美国人想要被限定的道路，却并不想在道路的终点有明确的目标。美国人关注的不是道路尽头的建筑物或纪念碑而是道路本身，人们喜欢在路上前行。如同旅途中的任何冒险一样，只是每晚在篝火旁讲的一个故事，第二天人们又重新上路。

在欧洲，无论终点是城镇广场还是纪念碑，它们都是这个城市的中心，是一个让人们停下来的地方。建筑师或规划师在道路的终点或转弯处建造这些中心，从而让场所的地位胜过旅途，让终点胜过道路，让那些固定永恒的事物胜过短暂流动的事物。例如维特里——勒弗朗索瓦的中心广场（图237），这个广场横跨了城镇的两条两条主要街道。不连续的街道和广场周围L形街区清楚地标识出城镇中心。这样的广场在欧洲很普

图235　俄亥俄州哥伦布市的州议会大厦。图示为从布劳德大街看去的视角，前面是亚伯拉罕·林肯的送葬队伍正缓缓走过

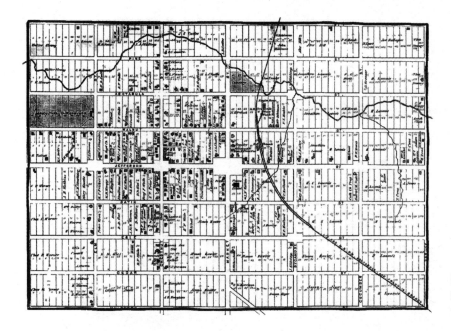

图 236　俄亥俄州的杰斐逊平面图，绘制于 1874 年

遍，它们通常是皇权的象征。巴黎的旺多姆广场曾经矗立着一座巨大的路易十四雕像（图 238），后来在法国大革命中人们摧毁了它，协和广场上方尖碑的位置曾经矗立着路易十五骑马像，海格曼和皮特认为这正是华盛顿特区雕像的原型。

尽管广场提供了永恒感，也表达了许多象征性的东西，但是在 17 世纪一些欧洲建筑师开始意识到"现代城市形态中最重要最有特色的元素应该是让街道统治建筑。"[10] 皮特认为克里斯托弗·韦恩和约翰·伊芙林看到了这一点，因为他俩在 1666 年伦敦市中心大火后呈交的规划方案中都有长直的街道。除了西斯特斯五世规划的罗马外，皮特认为这些设计师意识到了一种新型的轻型两轮马车速度非常快，尤其是把马车拴在马套上，由于这种新发明，人们很快就会需要更长更直的街道。

街道统治建筑以及动态统治静态创造了一种美学张力，这种张力有时体现在建筑中。例如 18 世纪丹麦建筑师尼古拉·艾格特福德设计的阿玛琳堡广场，该广场位于哥本哈根阿玛琳恩街和弗雷德里克街的交叉口上（图 239）。还有例如托马斯·鲍德温设计的巴斯劳拉广场，该广场位于保特奈桥的尽端，广场的边界与街道呈 45° 角。不管这些广场是否是为了辅助交通，它们相对过去的广场减少了尖锐度和绕圈的数量，从而加快了马车通行的速度。

到 19 世纪末，当时汽车还没有普及，人们在设计中既想创造场所感

图 237 上：法国维特里－勒·弗朗索瓦鸟瞰图，绘于 1634 年

图 238 右：巴黎协和广场鸟瞰图，绘制于 1680 年，摄于 1790 年

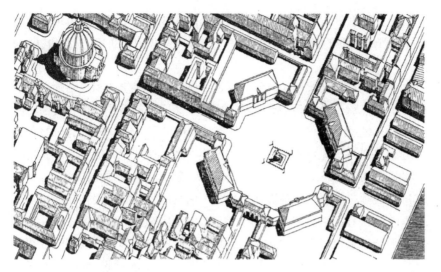

图 239　哥本哈根阿玛琳堡广场鸟瞰，尼古拉·艾格特夫德，1749年。由斯蒂恩·艾勒·拉斯穆森于 1948 年绘制

又不想妨碍交通，因此这成了城市设计中的核心难题，包括西特在内许多设计师都为此感到困扰。海格曼和皮特也深入地研究了这个问题，但是没有找到满意的解决方法。最终他们的首选方案与佩恩两个世纪前提出的费城规划十分类似——用两条街道把一个中心广场切成四个小块。[11] 他们以分别位于凡尔赛街两边的圣路易市场（Marche du Quartier Saint-Louis）和圣母市场（Marché Notre-Dame）为原型来解决这一问题（图 240）。这两个坐落在凡尔赛的广场实际上是两个商业区的交叉点，但这对于海格曼和皮茨来说并不重要，他们仍然认为在 20 世纪，广场就应该是城市中心。

通过在街道上架设塔桥并与周围的建筑立面相辅相成，海格曼和皮特给原本的建筑设计主题带来了一些变化，并提出了完美的现代城市中心的蓝图。然而，广场仍应保持中心开放，使得汽车能够通过塔桥穿过广场中心。他们的解决方法则类似俄亥俄州杰斐逊一个小广场的做法，这个小广场是一个含混不清的混合体，它既不是十字路口又不是广场（图 241）。此外，由于街道把大广场分成了四个小广场，其象征意义无意中包含了某种荒谬——在城市中每一个重要的功能要么被重复四次，要么被打破成为四个同时存在的完全相同的事物（佩恩规划的费城本会产生类似的困境。四个市政厅是毫无意义的，但如果在一个角上建一个巨大的市政厅又与周围的布局不均衡）。

在美国，人们是否更加需要无障碍的运动而不是场所感？这一争论似乎不那么重要，因为很少有为辅助交通而设计的十字路口，同时又被看成是有趣的地点。偶尔有些环形交叉路会成为兴趣点，但是人们在建造这些环路时并没有这种打算。例如马萨诸塞州位于横跨鳕鱼角运河的伯恩桥下的环形道路，直到十年前人们才在这里用篱笆拼出"鳕鱼角（Cape Cod）"。[12]

尽管我们的文化偏爱开放的街道，但是美国建筑师和规划师也经常用纪念碑点缀街道，他们经常学习欧洲交叉路口的做法并用在美国，皮特就这么做过。1901年参议院公园委员会提出了美化华盛顿特区的建议，该建议将对欧洲先例的尊敬发挥得淋漓尽致。这其中的成员有一些是美国的领军设计师，还有一些是当时被称为城市美化运动的倡导者。

建筑师查尔斯·麦基姆和丹尼尔·伯纳姆相信城市美化的唯一来源是文艺复兴和巴洛克城市景观中展现出的希腊和罗马式古典主义。美国永远不会创造出伟大的建筑文明，除非美国的建筑师和艺术家学习并内化欧洲的城市规划和建筑设计。为了说明这一点，一接收到改善华盛顿的任命时，麦基姆、伯纳姆和其他一些人便起航去欧洲观看那些经典先例。但是正如一位评论家所说，"这次旅行的讽刺之处在于他们观看的是贵族的遗产，是一些看似坚韧但已经分崩离析的社会遗存，而他们所要做的

图240　凡尔赛街两边的圣路易市场和圣母市场。海格曼与皮茨绘制

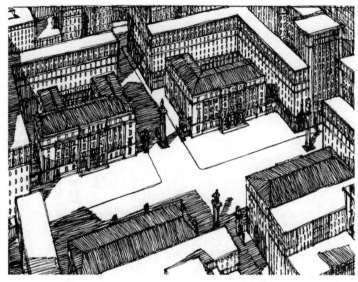

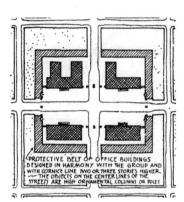

图 241 现代市政中心。左为平面图，上为鸟瞰图。海格曼与皮茨 1922 年绘制

却是更新波托马克河的岸边一座向反抗暴君的人们致敬的城市。"[13]

在忽略了这个矛盾的情况下，作为参议院的核心议题，参议院公园委员会建议使得朗方设计的两条尽端开放的轴线有一个终点（图 242）。这两条轴线都延伸到波托马克河才终止，而波多马克河是一条以对角线形式穿过城市的河。该委员会建议在填埋河流以延长道路，然后用在轴线两端设置雕塑和纪念碑，从而打断开放的景观。

朗方设计的又长又开放的轴线似乎没有带来什么，但是很快这些轴线找到了其独到的意义。今天从国会大厦放射出的林荫大道在林肯纪念堂终止（图 243）。从白宫放射出的林荫大道，原本将在一处喷泉处终止，现在杰斐逊纪念堂将那喷泉代替（图 244）。

当麦基姆和委员会的同事们开始为华盛顿的规划工作时，其方案与弗吉尼亚大学的规划方案呈现相似之处。在这里，以被斯喀利称为"忠实的美国古典主义信条"[14]完成了这个国家壮美的开放大道。托马斯·杰斐逊规划的弗吉尼亚大学的中心是一条大草坪，大草坪原本从学校中心的图书馆的圆形大厅一直延伸到学校另一边的小山上。1898 年麦基姆、米德和怀特设计事务所在杰斐逊设计的林荫路上放置了一组教学楼，围合了这条轴线（图 245）。

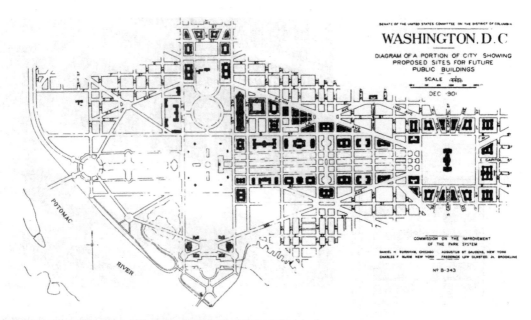

图242　上：华盛顿特区参议院公园
1902年的平面图，显示其时马里兰大
道的延伸线并不以最高法院为终点。其
也显示了朗方开放式轴线其实是闭合的

图243　上：华盛顿特区林肯纪
念堂，亨利·培根1922年设计

图244　右：华盛顿特区杰斐逊
纪念堂，约翰·拉塞尔·波普
1944年设计

　　路易斯·康设计的萨尔克学院位于加利福尼亚，该学院 1965 年建设完成，在这里也有一条尽端开放的中心场地，但另一端是封闭的。当宣布决定封闭一端时，反对声如潮水般涌来。[15] 这块场地处在两排教室中间，最初的设计能够使人们的视线穿过这片建筑，一直望向太平洋（图 246）。如今位于场地内侧尽头的一座新实验室阻碍了人们的视线。美国文化价值让人们越发的反对这一变化，这一点可以在意大利双年刊杂志《十二宫》得到充分体现，1967 年的《十二宫》给予了索尔克学院广泛的报道。意大利编辑的思维模式是 29 张已建成项目的照片中没有一张体现开放场地和看向海洋。

　　欧洲传统观念认为任何道路都必须以一个终点作为结束，但是奥格尔索普规划的萨凡纳却与之不同，他给与了终点和美国人对无障碍通行的向往以同样的分量，长直的街道与点缀着小广场的街道互相穿插组合，这种模式对上述两种倾向都做出了微妙的认同（见图 117）。萨凡纳有着许多广场，这一点符合美国的多元价值观，因为多个广场意味着多中心而不是单中心，避免了只能做一个选择而不得不排斥其他广场的困境。

　　具有讽刺意味的是虽然建筑师认为工程师不如他们懂得结合文脉，但是建筑师仍会把开放道路和无障碍通行的设计交给交通工程师来做。正如皮特所说："工程师只会简单地让建筑排在街道两旁，街道则直指前方。"[16] 车辆经常在没有标志的十字路口疾驰而过似乎更加证实了挪威建

图 245　弗吉尼亚大学学院大楼，夏洛特斯维尔、麦克金、米德和怀特 1898 年设计建造

图 246 路易斯·康设计的萨尔克生物研究所，建于 1956 ~ 1965 年。图示为从庭院看向太平洋的视角

筑评论家诺伯格·舒尔茨的观点：虽然巴洛克式的道路网连接了不同的焦点，但现代的汽车道路网只不过是基础设施，它从不通向任何目标而只是穿过一切。[17]不幸的是，有些建筑师认为通向明确目标的道路值得我们从建筑学角度上给予关注，而没有明确目标的道路则不需要。这导致了一些建筑师和评论家不切实际的怀旧，怀念工业化之前的世界，那时人行道比车道重要。自从发明汽车以来，这种观点使得许多美国已建成的景观（除了单体建筑）游离于艺术领域之外。

设计师会花费大量的精力创造场所感，然而却把交通道路留给工程师去做，印第安纳波利斯就是一个典型案例。城市中心有一个巨大的士兵水手纪念碑，向人们强调这里就是中心。虽然这种做法在美国城市中并不常见，但是在印第安纳波利斯却属正常，因为它的设计者是皮埃尔·朗方的前助手亚历山大·罗尔斯登（Alexander Ralston）。

罗尔斯登对象征手法的运用与美国价值观相抵触，他最初打算在城市中心建造州长官邸（图 247）。当这座房子按时完工时，当时的州长却拒绝搬进去，他的妻子抱怨这座房子没有后院。"'要住在这里吗？'她惊呼道。'不，绝不！……城里的每一个妇女都会细数我们在周一上午晾在后院的衣服。'"[18]继任的州长也有着类似的看法。之后印第安纳议会否决了将这栋住宅改为州议会大厦的提案，并最终批准在这里建一座纪念碑。

当美国计划建设 40 号公路时，印第安纳波利斯需要选一条街作为 40 号公路（一条东西向的主干道）的一部分，有关部门将这个任务交给了工程师去做。由于这条公路要穿过印第安纳波利斯而不是以这座城市为终点，工程师选了一条紧邻纪念碑南侧的道路作为 40 号公路。这条道路在州际高速公路系统建成之后仍是一条主干道，而且从来没有被华而不实的高质量建筑环绕，没有城市形象的一部分。

然而，如果让工程师做决定这些事情，我们就提前放弃了其他可能性。正如凯文·林奇出色的总结，在一个有着多样选择的复杂世界中，如果只有通向特定目标的道路才值得设计，那么城市设计的可能性就十分有限了。林奇认为任何一个有意义的现代规划必须适应某种序列，这种序列可以"在任何一点被打破，一个精心构建的序列有引言、开端、发展、高潮、结局，这个序列可能会由于一个驱动因素直接进入高潮而被完全

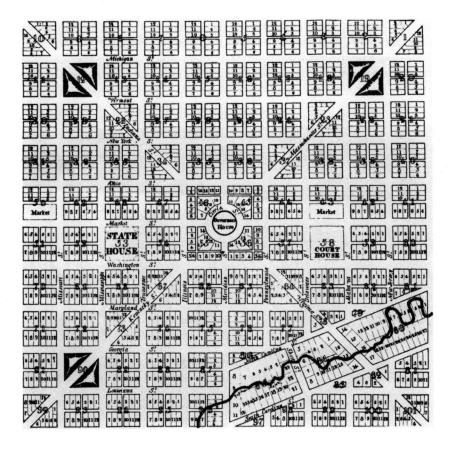

图 247　印第安纳波利斯平面。亚历山大·罗尔斯登 1821 年绘制

打破。因此，寻找一个即可逆又能被中断的序列就变得十分重要，也就是说，如果城市设计的序列在不同的点被打破后仍具有良好的形象，那才是好的序列，这一点和连载的杂志很像。这将使我们的城市规划从传统的开始—高潮—结束的模式发生变化，例如变成本质上无穷无尽，但又连续多样的爵士风格。"[19]

简单来说，建筑需要让道路变得有意义，尤其是重要的开放型路口，每天有数百万人经过这些路口。例如人们早上把车开到某个路口旁边，然后送孩子去上学，再把衣服送到干洗店，最后去上班。下班后人们会去超市，回到干洗店，然后去操场接正在进行参加社团活动的孩子，最后回家。

在美国，人们很少在十字路口停留，除非是等红灯，位于路口中心的纪念碑是不和谐的障碍。因此唯一能够赋予重要路口以特殊意义的东西就是路口周围的建筑物和标志物（图 248）。所以在美国街角的建筑有着特殊的符号价值，例如"站在街角看着女孩们经过"和"在街角的杂货店闲逛"就是美式习语。街角有时会成为美国艺术的主题。爱德华·霍普在工作中多次返回街角。他的一幅名画《夜鹰》成了艺术海报市场中的流行元素（在美国，艺术海报是与大众产生共鸣的象征符号）。

街角的场地可以塑造并组织建筑，有时即便是最简单的建筑在这里也会变得更加有趣，例如在马萨葡萄园中有一座中等体量的房子，在正

图 248 爱德华·霍普所作的油画《夜鹰》。图幅尺寸 84.1 厘米 × 152.4 厘米，由美国民间收藏家所收藏。该图由芝加哥艺术协会于 1944 年拍摄

门两侧有两间大小不同的房间（图 249）。较大的房间在正门左边，里面有一扇窗户面对街道，但是较小的房间朝向街角，有两扇窗户面向街道。这两扇窗户使得正门偏离了中心，同时窗户与街角共同创造了更复杂、更有设计感的立面。相似的是，五月角（Cape May）有一家街角商店，商店的正门两边各有一扇橱窗，它们大小相等。然而，从两条街上经过的顾客可以看到整个一层立面，与建筑的二层立面共同创造了一种不对称的张力（图 250）。

　　美国最著名的街角建筑可能就是丹尼尔·伯纳姆（Daniel Burnham）设计的位于纽约的熨斗大厦。这座楼位于第五大道和百老汇大街交叉路口的三角形地块上，薄的石板占据了整个地块（图 251）。窗户面向人行道，建筑周围的街道挤压着建筑，迫使它向上发展。熨斗大厦和十字路口形成的张力象征着两个相互冲突的美国信仰，一是相信私有企业会繁荣昌盛，即便是在如此狭窄的地方，二是认为开放的道路可以消解任何障碍，无论它是一座教堂、国王雕像或是本案中的熨斗大楼——一座资本主义纪念碑。

　　在历史上，很多路口都是由周围的建筑所限定的，其中最著名的那些案例就来自古罗马。罗马帝国通常把新建的城市分成四部分。两条互成直角的街道穿过城市中心，限定了每四分之一城市的边界。最主要的街道是一条代表世界的轴线，为南北走向，也被称作 cardo。次要的街道叫 decumanus，为东西向，意为沿着太阳的轨迹。中间的十字路口保持开放，

图 249　上左：设计建造于 1840 年的一座住宅

图 250　上：新泽西州开普·梅的一座住宅

这是一个抽象却有效的提示，提示着人们即使它在几百英里之外，罗马也是唯一的权力中心。

现存最好的这类开放中心的案例是叙利亚巴尔米拉省城的四塔门。四塔门建于公元 3 世纪早期（图 252）。由于它的四个角完全相同，并且中心开放，因此这个纪念碑赞颂的是穿过纪念碑的中心的交通，而没有赞颂纪念碑本身。开放的中心直到公元 4 世纪还影响着罗马人，例如建在亚得里亚海沿岸斯普利特的戴克里先（Diocletian）宫殿（图 253）。

在罗马斐理斯路（Strada Felice）和皮亚路（Strada Pia）在奎里奈尔山（Quirinal）的山顶交汇成十字路口，但是这个交叉口原本没有太大意义，直到 16 世纪希克斯图斯六世教皇在他的规划中提升了这个路口的地位，它才开始变得重要。人们可以从这个路口到达各个方向的纪念碑和他们感兴趣的地方。然而虽然这个路口十分重要，但是希克斯图斯把它做成了开放的形式。他改造了路口四个角上高地花园的围墙，把它们与路口切出 45° 角，并在切角处底部放置喷泉（图 254），而非在中心放一座纪念碑。

这个十字路口叫作四象限区（quattro canti），这里的雕塑代表戴安娜和朱诺（罗马神话中的神），还代表台伯河和亚诺河。这些雕像盘旋在喷泉上空，因此赋予了每一个喷泉不同的特征；由于这些雕像都是倾斜的，

图 251　对页：纽约市熨斗大厦，由丹尼尔·H·伯纳姆公司于 1902 年设计，鲁迪·伯克哈特摄于 1948 年

图 252　下左：叙利亚巴尔米拉省城的四塔门，建于公元 3 世纪

图 253　下：戴克里先行宫，建于公元 300～306 年。平面图，主入口源自宽廊，面朝亚得里亚海，宫殿其余三面的门为附属入口

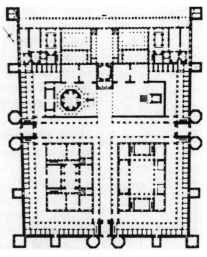

图 254　罗马四喷泉上的雕塑

大小也很接近，因此这些雕像把四个喷泉统一到了一个布局中。这些喷泉建于 1588 年到 1593 年之间，后来随着城市的扩张，这里建起了建筑，喷泉也合并进了建筑。其中一个喷泉成为宫殿的一角，这个宫殿的设计师是多梅尼科·弗塔纳（Domenico Fontana），他是一个与希克斯图斯六世同时代的人，而希克斯图斯六世在 1590 年结束了自己 5 年的教皇统治。50 多年后弗朗切斯科·波罗米尼（Francesco Borromini）把另一座喷泉融合进了圣卡罗教堂的立面中，这两个喷泉隔街相望。从詹巴蒂斯塔·诺利（Giambattista Nolli）在 1748 年绘制罗马地图来看，第三个街角在 1748 年以前就盖满了建筑（图 255）。但是直到 100 多年后，第四个街角才建起了建筑。这些建筑门前的喷泉经久不衰，我想一部分原因是因为教堂的力量阻吓了人们想要改变这里的企图，不过同时这里的建筑也具有某种力量使得住在周围的人也十分赞赏希克斯图斯的规划。

保罗·扎克认为四首歌区的绵长景观"非常符合巴洛克式风格的设计概念"。他认为这个路口创造了"一个迷你八边形广场。"[20] 扎克强烈认为所有道路都应该通向（或者发源于）一个终点。他相信这个终点会终结一个毫无意义的旅途，而非仅仅是一个开放的路口。虽然希克斯图斯尽量避免形成广场并且让路口开放，但是扎克仍然在奎里奈尔

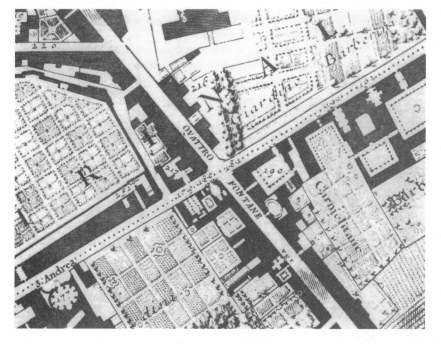

图 255　四喷泉周边街区的地图，由詹巴蒂斯塔·诺利绘制于 1748 年

山（Quirinal）顶创造了场所感并且让人们能够无障碍的通行。在巴勒莫的市中心，类似的四喷泉设计强调着托雷多路（Via Toledo）和马奎达街（Via Maqueda）形成的开放路口（图256）。比耶那侯爵总督（Viceroy Marques de Vellena）效仿罗马在1609年将四喷泉放在了这里。

在资本主义民主社会中，人们很少强调开放交叉路口的四个角，这大概是因为四个角上的房产属于不同的人，而这四个人也可能有不同的兴趣。在城市里，只有当我们需要满足公众的需求时，我们才有机会去塑造一个重要的路口。这种少见的案例出现在1984年出现过，当时有一个旨在更新纽约时代广场周边区域的计划。时代广场中最重要的建筑是老时间之塔，它位于广场一端的小岛上并且原始立面破损严重。作为更新计划的一部分，这个建筑的外观需要重新设计。因此主办方决定举行一次建筑设计竞赛，在竞赛中，让人们讨论时间之塔的选址问题。

然而，时间之塔只是时代广场的一个部分，时代广场在曼哈顿实际上有双重身份。它隐喻着纽约的忙碌与光彩夺目，因此是纽约的重要的象征。然而它却不是一个明确的场所空间甚至不是广场。虽然时代广场非常有名，但它只是百老汇大街和第七大街交叉路口上一块狭长的领结状的沥青铺地。因此我与我的两位同事建议，评审团应该考虑在时代广场对面的小块空地上建造一座新的大厦的可能性，而不只是将注意力放在现有的建筑上（图257）。这栋高楼将会成为第一栋高楼的镜像。也就是说这栋高楼和重塑后的第一栋高楼将完全一样。因此，这两栋大厦都

图256　意大利巴罗莫四角场的鸟瞰图

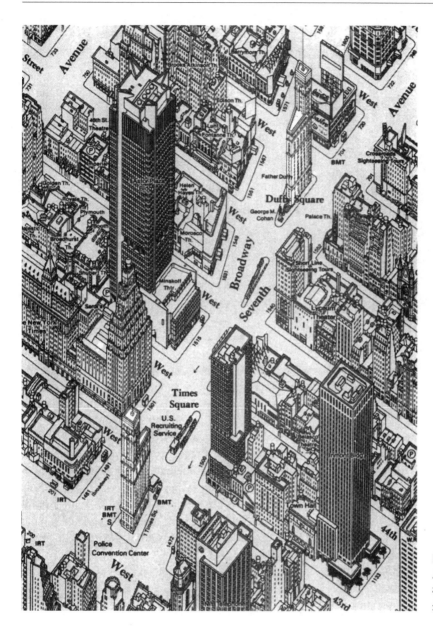

图 257　时代广场轴测图。后面是绘图者的名字：克雷格·惠克特、迪米特瑞·萨米斯蒂、康丁，1984 年

被纳入了这个十字路口，共同突出了中间的场地。在这块中心场地上，成千上万的人们在除夕夜会聚集于此，其他时间这里人来车往，人们只会穿过这里而不会停下。

街角的建筑不需要像时代广场的建筑那样引人注目，只要它们通常成组出现并有着相似特征。例如约翰·纳什于 1812 年规划的伦敦摄政街，他在两个重要路口的四个角上只是简单使用了把建筑立面做成凹形的方

图258 摄政街，建于
1815～1820年。 街
口四角有相同的大楼。
图示为南视景象

式。在牛津环形交叉口和皮卡迪利环形交叉口的街角建筑立面中，正如其名字那样，没有一个能够让人铭记，人们只会把它们作为一个整体看待。这种路口吸引人之处就在于用一个建筑理念把四个单独的部分联系起来（图258）。

重复独立的普通元素在美国艺术中是一个常见的主题。例如罗伯特·劳申伯格的画作中重复的正方形，安迪·沃霍尔画作中重复的肖像，奎尔特的画作和诺曼·艾夫斯的画作都标志着其是美式风格（图259～图262）。尤其是艾夫斯的画，这幅作品展示了当第一还是保持平等在美国文化中反复出现的矛盾。

由于人们相信将普通的物体集合后能够成为高水平的艺术作品，因此人们也相信在开放景观中将建筑物或构筑物重复四次能够塑造更好的建筑品质。在拉斯韦加斯市区的第四大街和福里蒙特大街的交叉口上也的确如此（图263）。四个角上有四座赌场，每一个赌场都用顶罩将人行道罩住，四个赌场中有三个凸向街角，它们都有绚丽的标志和流动的灯光。从建筑设计角度讲，没有哪个赌场的立面多么与众不同，但是把这四个立面放在一起，它们便清楚强调着这里是第四大街和福里蒙特大街的交叉口，是赌城拉斯韦加斯的中心。

令人感到讽刺的是，在郊区景观中，这些相对普通的建筑更容易带来城市的改善，确切说是十字路口周围的城市改善，而历史老城中却不那么容易。在郊区，建筑的形式普通、密度低、投资强度小，这些因素使得郊

图 259 顶部左：罗伯特·劳申伯格的自拍照，摄于 1951 年。版权所有：1996 United Press Inc./ 由纽约 VAGA 授权

图 260 顶部右：约瑟夫·比尤斯二世的肖像画，由安迪·沃霍尔绘于 1980～1983 年。其画在一张 40 英寸 ×32 英寸的帆布上，曾在 1995 年的安迪·沃霍尔视觉艺术展上展出过

图 261 上左：宾夕法尼亚沥海出产的毯子图片，摄于 1885 年

图 262 上右：数字 1 的丝网印刷。诺曼·艾夫斯，1967 年

图 263　弗里蒙特大街和的第 4 大街交汇处北侧场景，1995 年

区更容易改造。因为没有什么是需要保护或重建的，正如罗马奎里奈尔山（Quirinal）上低密度建筑和平坦的花园让希克斯图斯能够更加自由的改造。

在郊区房地产市场中，人们经常会特殊对待重要十字路口，这种特殊对待与改善城市的愿望有着偶然的一致。例如得克萨斯州休斯敦的西北部地区，在过去的 20 年里这一地区经历了快速的发展，明显地展现了这种态度上的一致。休斯敦西北部过去以农业为主导产业，这里的大片农场偶尔会与道路交织在一起，这些道路大都是通往市场的双车道。然而 1970 年代开始兴建的居住区给现有道路网带来了很大压力。短短 10 年，道路就被拓宽为 4 车道、6 车道，甚至 8 车道。

人们经常将街道两旁细分的土地妥善规划在道路后方，高围栏和条状空地隔离了交通噪声，而且避免了潜在的不正当使用周边未分区的房产（图 264）。这些条状土地同时提供了能够阻止未来发展的廉价隔离带，在需要建成更多车道时，其中一些土地可以出售作为公共事业用地。剩下的土地叫作商业预留地，人们可以把它分成小块，并以高于住宅的价格卖出去建造办公楼和购物中心。[21]

在重要的十字路口土地拥有者通常会把土地进一步细分，通过这些更小的土地获取附加价值。这些街角小地块尤其吸引高容量的小型商业，也应了民间的一句老话：当一个十字路口的三个角都是加油站时，第四个角则是建造加油站的最佳地点。这种地块的售价通常是周围L形土地的两倍，比起100码以外的土地更是值钱得多，因此一般来说，人们可以预测到地价随地块的不同呈阶梯状增长。

在十字路口，每当信号灯改变时，就有数百辆车穿过。路口是抽象的，但从某种重要意义上来说，它们是真正的场所。路口的交通量非常大，因此路口是参照点。但是，如果路口有纪念性广场或纪念碑，那么路口就具有了超现实的品质。它描绘了这样的图景：当绿灯亮起时，驾驶员似乎可以穿越或避开一切障碍物。路易斯·康有句名言"城市中心是目的地而不是途经地"[22]，这句话却与这些巨大的路口上发生的一切正好相反。

但是，街角土地非常具有价值，街角的商店也致力于把顾客从人流中拉出来，这两点创造了充足的机会：建筑师只需设计好街角建筑的高度和建筑的退线，就能够充分体现街角的价值，同样地，重复使用简单的标志牌就能体现某一地方的特性。一个拥有高大标志牌的加油站很难让人记住，但是四个角上有着相似标志牌的四个大小相当的加油站就很容易被人们记住（图265）。它们的反复出现本身就体现出十字路口的特殊性。

图264　得克萨斯州休斯敦的商业油藏

图 265　四处加油站

罗伯特·文丘里认为我们在路上看到一只鸭子，可能相对于我们看见鸭子的地点，我们更容易记得鸭子本身（图 266）。如果我们看到四只鸭子在四个角，我们不仅能够记住鸭子，我们也能够记住我们看见鸭子的地点。就好像罗马四喷泉的四个雕像和埃文斯画中的数字，每只鸭子、每座加油站之间的差别可以非常细微，不会影响它们的象征意图。

　　我们不必只局限在标记简单的十字路口。在美国，高速公路上互通

图 266　纽约长岛的鸭子

式立交桥是一种特殊的场所，两条主要的高速公路在这里互相交叉。由于立交桥标记了转弯处，因此我们会记住他们，例如马里兰州 I-95 号交叉路口和华盛顿特区环路。由于多条道路缠绕在一起，有些立交桥甚至看上去像是图腾，例如在加州的帕萨迪纳市的港湾高速路和洛杉矶圣莫尼卡（Santa Monica）高速路的交叉口。

　　虽然在这里停下来会导致混乱，但是这些立交桥确实是场所空间。我们没有把这里标注突出出来，这很大程度是因为我们还没有把无障碍通行看成实现美学价值的机会。然而我们的确拥有能够提升这些立交桥价值的工具办法。大多数加油站和快餐店都有高大的标志牌，这些标志牌属于私人而不属于公共道路。商家竭尽所能使这些标志显而易见。相反，寻找这些标志则会使司机分心。如果一些标志被放置在盘根错节的匝道中而不与高速路上的方向指示牌和安全标志牌相区别，这些商业标语会加强立交桥的戏剧性效果，这在某种程度上创造一种美式的高塔景观。例如圣吉米纳诺的高架路（图 267、图 268）。每个交叉口都是依旧是让人的通行道路，但同时也是值得回忆的场所。

图 267　下左：意大利圣·吉米尼亚诺

图 268　下：交通交叉口研究

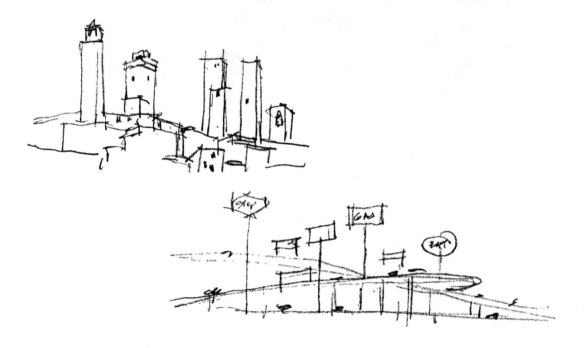

第 7 章

在拐弯处

充满希望的旅行胜于抵达。

罗伯特·路易斯·史蒂芬森（Robert Louis Stevenson）

《维琴伯斯·普鲁斯克集》（"El Dorado," Virginibus Puerisque）

正如我们美国人不喜欢被象征权力的东西挡住道路，我们经常尝试要将这些东西的表达的力量和影响降至最低。我们通常会让重要的建筑和通向这些建筑的道路，留下一个选择：人们慢慢走近建筑，停下来看一看，然后继续前进。

艾尔伯特·皮特认为对于美国人来说"穹顶，纪念碑和林荫大道不会带来深刻激动人心的感受，尽管这些东西本身可能是深刻和激动人心的。"[1] 与之相反，这些东西往往是错误事物的符号，莫霍利·纳吉（Moholy-Nagy）说道"华盛顿特区的空间纪念性太强，与美国城市生活并不和谐。"她认为纪念性在美国城市建设者的能力范围之外。[2] 她的结论是正确的，但并不是因为美国建筑师不能建设城市的纪念性，而是由于其纪念性隐含了错误的价值观，这种价值观与我们心底对平等的渴求相冲突。

法国则与美国相反，当路易十四从凡尔赛宫的卧室俯看三条通向庭院的大道时，或者当一个走近皇宫的法国人回头看时，他们看到的信息再清晰不过了（图 269）。这些汇集在一点的笔直大道只暗示着一种可能性——国王至高无上的王权。凡尔赛宫是宇宙的中心，国家所有事务均由国王决断。所有的道路在王宫汇聚，然后再一齐射向皇宫后面的凡尔赛花园，直直地融入后面一条条灿烂的轴线（图 12）。世界只围绕着国王的化身旋转，一切以国王为中心。

对美国殖民者来说，这种明确的象征手法令人厌恶，因为国王至高

图 269　凡尔赛宫鸟瞰

无上的权力曾是引起美国革命的主要原因。美国人选择了反抗乔治三世而不是屈服于他。反抗是这个国家的遗产；这一切以议案论自由和持有武器为中心，这些是人民重要的权利，无论在书面上还是在在象征意义上。这两种权利都被包含在宪法及其修正案中。

　　美国人认为只有通过抗争才能战胜邪恶。在好莱坞电影中，一种类型片就是赞扬好人勇敢地对抗坏人。无论是《华府风云》里的吉米·斯图尔特，还是《源头》里饰演建筑师霍华德·罗阿克的贾莱·古柏，他们传达的信息是一样的——为了战胜邪恶，美国人需要挺身而出。《正午迷情》里贾莱·古柏独自进入一条肮脏的街道并面对一群亡命之徒，更是美式经典（图 270）。

图 270　贾莱·古柏在《正午》（*High Noon*）中的形象，显示了街道蜿蜒向前

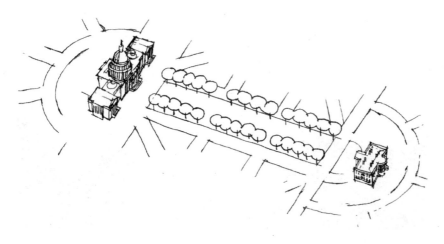

图 271　美国国会大厦与白宫之间的轴线。一种替代方案的研究

在对抗中，一方胜利，另一方则必然失败。在一个追求平等的文化中这一点也是不被接受的。这个国家有着太多的冲突——宗教和政治的冲突，种族和种族的冲突，穷人和富人的冲突，因此我们通常会尽力避免直接的冲突并避免产生失败者。虽然宪法的制定者设计了一套国家治理机制，这套机制由多个独立且平级的政府机构构成，它们各有各的权力，并且希望这些机构之间不要产生冲突而要相互制约，进而能预先阻止国内冲突。因此我们的城市设计也希望将冲突最小化，并尽可能地不产生失败者。

这些理念也体现在皮埃尔·朗方规划的华盛顿特区，朗方设计了两条分别从白宫和国会放射出的轴线，避免了一些更为冲突的选择，例如只设计一条林荫大道，将总统放在一端，国会放在另一端（图 271）道路则从两个建筑所在位置向外放射。但是，这种设计使得两栋建筑直接面对彼此，从而会产生了象征性的对抗。

有意或无意地，朗方让两条直线形成直角从而避免了一切有关对抗的暗示。* 正如我们之前所见，两条从建筑放射出的开放轴线在一个巨大

*　许多人会思考为什么华盛顿只有两条轴线而我们的国家治理体系却有三个分支——为什么最高法院在自己广场的最前端而远离另一端。当朗方制定华盛顿规划时，距离最高法院作为一个积极却完全平等的第三方还有 12 年时间。12 年之后的马布里·麦迪逊法案才确立了最高法院的地位。所以朗方的设计中只强调了两个机构，这与当时的情况是符合的。

建筑师保罗·鲁道夫在 1963 年提议搬迁最高法院，从目前在国会大厦背后的位置搬到马里兰大道的一端。这个新地址使得最高法院与国会大厦呈一个角度，该角度和国会大厦与白宫所呈的角度基本相同，这个方案会产生一个巨大的三角形，象征着美国政府的三个机构是平等的（《华盛顿作为首都的观点，或者什么是城市设计》，建筑论坛，1963 年 1 月第 118 期，第 64 页）。

图 272　国会大厦，从林荫大道（Mall）观看的景象

的十字路口交汇。朗方本打算在这个路口放置巨大的象征之物，然而当我们站在这个十字路口看向白宫，尤其是站在林荫路看向国会大厦时（图 272），却感觉和面对凡尔赛宫时一样不舒服。虽然在这里我们看到的是白宫和国会大厦的后门而不是凡尔赛宫那样的正门入口，但是通向权力宝座的长直轴线带来的象征感却是一样的。因此，我们找到了一种方法以缓解屈服于权力的感觉，或说是冲突的感觉——用一条斜向的宾夕法尼亚大街连接这两个权力宝座。

　　不可否认，在朗方的设计中，宾夕法尼亚大道是一个重要的特色。朗方本打算在街道两旁排列大型住宅、政府大楼、一个剧场和一个股票交易市场。然而虽然宾夕法尼亚大道是一条主要街道，但它很明确的从属于更大的白宫南草坪的绿色轴线和国家广场，这和其他城市中宽阔的斜向大道的特征也没什么不同。

　　皮特写了大量文章研究朗方是如何处理宾夕法尼亚大街的。从 20 世纪的视角来看，皮特认为朗方希望这条大道拥有重要的象征地位，正如我们现在赋予这条街道的那样。因此他指责了这位法国人，他认为朗方本打算让这条大道成为一条正对白宫的轴线，然而朗方要么错误考虑了大楼的位置或者是大道的角度。皮特认为如果宾夕法尼亚大道要穿过白宫向西延伸，那么它不应该横切白宫而应该从白宫南面经过，从而仅仅影响后来加建的西翼建筑（图 273）。[3]

　　即使朗方重新调整了宾夕法尼亚大街的位置，或者是调整了白宫的位置，从而使白宫能够终结这条从国会放射的轴线，但这种解决方法并不能让皮特满意。对皮特而言，这并没有把问题解决得尽善尽美。白宫

并没有如朗方所希望的那样成为一个象征性的高潮，因为白宫太小而它
与国会大厦之间的距离又太远。

　　皮特的注解只给出了一个结论：和其他美国人一样，朗方把宾夕法
尼亚大道看作连接白宫和国会的重要街道。但是，朗方的真正意图却并
非如此。朗方本不打算在这两栋建筑之间设计一条畅通无阻的大道。从
他想在两个建筑间安置的三个广场中，他的意图昭然若揭（图274）。朗
方清楚地知道这些广场会打断任何直接的联系，将街道分成几个不连续
的部分。事实上朗方希望这三个广场和白宫或者国会大厦一样，是这

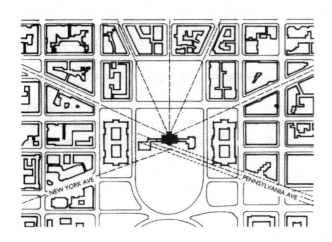

图273　白宫总平面
图，显示了纽约大道与
宾夕法尼亚大道几何形
的街道布局，其中纽约
大道与宾夕法尼亚大道
都交汇于白宫南面

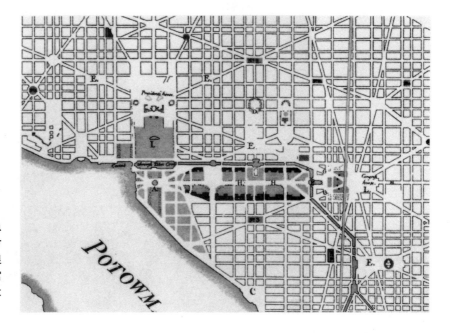

图274　华盛顿特区总
体规划的细节，朗方
绘于1791年。图中显
示了介于国会与白宫
之间的宾夕法尼亚大
道上的三个广场

条长直大街上的停顿。宾夕法尼亚大道并非只是国会和白宫之间的街道，而是迎合起于波多马克河东部支流，穿过整个城市直到乔治敦的大道。

即便这样，我们美国人却认为正是因为宾夕法尼亚大道连接了国会和白宫，所以才具有重要的意义和价值。在很大程度上，这种重要性主要是因为国会大厦处在道路尽头的那种经常出现在明信片和日历上风景（图275）。我们抬头就能看到国会大厦，但我们并没有被强迫去直接面对它。国会大厦与我们有一个轻微的角度，我们会被它吸引却不会因为它而停下来，这样的景象和从大草坪看国会大厦的景象很不一样，和在巴黎的大街上走向凡尔赛宫看到的景象也大相径庭。国会大厦是一个重要的象征，但它并不是旅途的终点。在浏览过这栋建筑之后，我们继续前行——同时我们也可以自由地回到宾夕法尼亚大道上。

在一种对朗方设计的担忧中，马里兰州安纳波利斯的规划也存在与华盛顿类似的街道与建筑的关系。安纳波利斯规划于17世纪末，规划者是弗朗西斯·尼克尔森，它是除华盛顿之外，唯一一个规划成放射型道路的美国大城市（图276）。这个规划的焦点是尼克尔森为这座城市的两个重要建筑保留的两个大圆环，它们分别为州议会大楼和教堂。较大的公共圆环是州议会大厦的场地。[4]虽然我们似乎理应让街道成为轴线并正

图275　华盛顿特区宾夕法尼亚大道，1965年林登·约翰逊总统举行就职典礼时走向国会的车队

图 276　上：詹姆斯·斯托德所作的马里兰州
安纳波利斯平面，1718 年

图 277　右：安纳波利斯的州议会大厦，从一
条放射状街道观望的景象

对州议会大厦，但是这些街道却稍稍偏离了圆环中心，后来为了弥补偏
离的街道并且为了正对进城的主要道路，议会大厦建在了偏离圆心的位
置。这个位置进一步削弱了大厦的权力感，也削弱了对终结于环岛的道
路的统治感（图 277）。

较小的教堂岛环坐落在港口上方一座小山丘的山顶，这里建造了圣
安新教圣公会教堂。也有若干条街道在此结束。在这些街道中，从港口
通向教堂的缅因街无疑是最重要的。然而教堂的神父却拒绝了从建筑学
角度来看最令人满意的选择，即让教堂正门正对缅因街，他选择了让教
堂与街道呈一定角度（图 278）。如果教堂的正门将缅因街轴线作为终点，
那么在一个政教分离的国家里，这种做法比将议会大厦放在轴线的终点
更加不恰当。圣安斯教堂的尖塔也在缅因街轴线上，但它同样与街道有

一个角度，尖塔像是一个五朔节花柱，它像是漫步于环岛的人们随时可以观赏的东西，而不是街道的终点。在美国大革命发生前80年，安纳波利斯的规划布局就存在了，这喻示着美国人一开始就不喜欢街道直接通向权力象征的规划方案。

在美国即便我们在道路尽头看到一个标志物，它也只是一个幻想之物，就像是《绿野仙踪》中桃乐茜的翡翠城。弗吉尼亚的威廉斯堡是这一现象的典型。同样由尼克尔森设计的威廉斯堡建成之时是英国弗吉尼亚殖民地的首府，在美国内战后又短暂成为了州首府。殖民地州议会大厦和威廉与玛丽学院的行政楼是这座城市的两座重要建筑，分别坐落在格洛斯特公爵大街的两端。格洛斯特公爵大街大约四分之三英里长（见图211）。由于这样的设计，人们经常认为威廉斯堡是一个例外，因为美国人不喜欢有结尾的大街和有尽头的道路。我们相信当我们想建造为公民服务的建筑时，我们就能做到。

虽然两栋建筑分别位于格洛斯特公爵大街的两端，但是这种布局所表现的象征十分牵强，因为州议会大厦并非真正与街道呈一条轴线，而是略微偏北看似随意地坐落着。这栋建筑呈H形，由两个独立部分构成，中间有一条封闭的廊道将他们连接，廊道的下面是入口门厅（图279）。

图278 安纳波利斯的圣·安斯教堂，从城中主街道观望的景象

图 279 左：弗吉尼亚州威廉斯堡县议会楼。设计建造于 1706～1720 年，1781 年失火焚毁，1930～1934 年重建。图为前入口

图 280 上：威廉斯堡县议会楼。图为从格洛斯特大街看向县议会楼。显示了边门与街道轴线相一致

这种形状似乎是天生就适合作为终点，张开怀抱迎接长长的街道轴线。然而这栋建筑却尽力避免成为这一角色，它与街道成 90°角并且明显退在街道后面。它的正门面对大街旁的一条小路，只有一个房间的侧门面对大街（图 280）。建筑历史学家卡尔·R·劳斯布瑞提出了一个极具说服力的观点：20 世纪 30 年代重建州议会大厦时，监理建筑师把侧门放在了错误的位置。由历史文献表明，轴线对称的美术原则和乔治亚时代的建筑风格使得建筑师通常把门放在立面中间，而不是放在南边的一个开间里。[5] 但劳斯布瑞提出的变化，将门放到了右边，这个门仍然偏离了格洛斯特公爵大街轴线。

格洛斯特公爵大街另一端的行政楼则是一个更加模糊的终点，这

图281 右：威廉斯堡的威廉与玛丽学院办公楼，建于1696年，图示为其后门到公爵大街的景象

图282 下：办公楼前门入口，图示为站在正门，望向威廉与玛丽会堂的情景

栋建筑离街道终点约有300英尺并与轴线有一个微小的角度（图281）。它的正门在建筑的背面并且是威廉与玛丽学院内部林荫大道的终点（图282），它的后门面对格洛斯特公爵大街。因此，威廉斯堡有一个突出特征，这座城市的主要大街连接了两个重要建筑，其中一座建筑偏离轴线，并且只有一边的侧门面向街道，另一座建筑退后街道很远，并且后门面对街道。相信路易十四这样的君主绝对无法容忍这样的布局。

在威廉斯堡，州长官邸门前的200英尺宽的大草坪可能是最符合美国价值观的一个场所，大草坪起始于州长官邸，穿过格洛斯特公爵大街，最后延伸到另一端的森林里（图 283）。这个景观类似康的萨尔克医学中心中从广场看向大海的景观，从州长官邸看出去，眼前的景观是开放的，没有边界。威廉斯堡的早期的地图显示在草坪的另一端建筑阻碍着开放的林荫路，后来它们消失了，这似乎也更符合了美国的价值观（图 211）。

威廉斯堡的建筑不是模糊端头的唯一案例，旧金山的轮渡大厦也是如此。大厦坐落在市场大街的起始处，与市场大街有一个微小的角度，因此建筑与海岸线齐平，并符合当地道路交通情况（图 284）。市场大街靠近建筑的一部分是步行街，这进一步削弱了建筑的对抗力量。我们有时候会让建筑偏离轴线以削弱建筑的权威感，例如康涅狄格州利奇菲尔德法院。这栋建筑坐落在北缅因街的起始处。一条长直街道的两侧坐落着多栋豪华住宅，法院大楼非常高，本可以作为轴线的终点，但它却偏向了轴线的一边（图 285）。

理查德·厄普约翰设计的纽约三一教堂也有着类似却又更加微妙的冲突倾斜（图 286）。它坐落于华尔街的起点，门前就是百老汇路，教堂的正立面经常出现在明信片中，它那铰接式的哥特复兴立面与温和的现代建筑放在一起，形成鲜明的对比，创造出建筑的张力。教堂尖塔也曾

图 283　威廉斯堡的开放草坪，总督府前的景象，1994 年

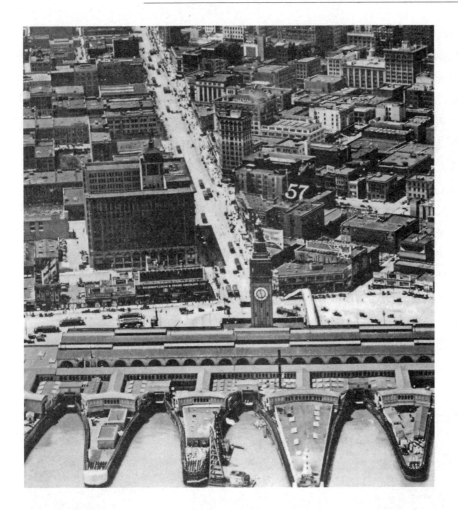

图 284 上：旧金山的轮渡大厦。摄于 1922 年，鸟瞰图

图 285 右：康涅狄格州里奇菲尔德的法院，图为从此侧主街望去的景象

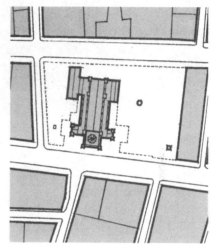

图 286　纽约市三一教堂。图示为从华尔街看过去的视角，左图摄于 1900 年，上图为总平面图

是曼哈顿最高的建筑，现在却被周围众多的办公楼超越。由于教堂并不精确地处在华尔街这条轴线上，而是稍稍偏向路口北边，因此教堂周围的情景更具戏剧性。

如果华尔街是直的，那么人们只能看到教堂的一部分。然而，那道曾经赋予华尔街名字的保护墙留下了一个不规则的公共行人道路。华尔街的末端开放并与百老汇街相交。因此，华尔街南面的建筑似乎是退后的，从而凸显了教堂。当我们靠近教堂时，我们有两个选择。我们可以向右转走进教堂的正门，虽然正门与我们有一个小小的角度，也可以向左转沿着百老汇大街往南走，这样就完全避开了教堂正门。三一教堂通过这种方式避免了贪婪与美德的矛盾，因为贪婪可能是华尔街唯一恰当的标志，而美德则是人人皆有之物。

即使当一个建筑本该象征权力时，它潜在的对抗性也经常会被其他

图287 上：内华达州卡森城州议会楼

图288 右：波士顿市的州议会大厦，由查尔斯·布尔芬奇设计建造于1795～1798年，图为公园大街的景象

特征削弱。通常美国的州议会大厦建在一个类似公园的场地上，这使得建筑看上去不那么具有统治性并且更加接近民众。那些建筑的新古典主义立面和强烈轴线感的正面外观传递着一个信息，同时半圆形或是有角度的汽车道传递着另一个信息。

实际上内华达州议会大厦掩盖在行道树的后面（图287）。查尔斯·布尔芬奇设计的马萨诸塞州议会大厦与公众有一种更加微妙的关系。议会大厦位于波士顿公园的一个拐角上，并在一群建筑中间，这种做法削弱了专横的支配感，否则建筑将会凌驾于波士顿公园和整个城市之上（图288）。尽管州议会大厦紧挨着街道，这提高了我们对大厦的兴趣，而且从人行道便可直接走到正门，但是建筑与公园大街的角度仍然允许我们参与选择，然后继续从拐角处走到贝肯大街上。

当人们站在白宫的侧前方，慢慢靠近它然后继续前进，这个经常出

图 289　左：白宫草坪上的电视直播现场，1995 年

图 290　下：迈阿密麦当劳的汽车服务窗口

现在美国电视或网络新闻中的景色显得如此含蓄。记者习惯性地把摄像机放在北草坪上偏向建筑西边的位置。这样白宫就在记者的后边并与记者成一个微小的角度（图 289）。曲线型道路让人们更容易接近白宫并削弱了建筑的压迫感。正像建筑与道路间的草坪带来的效果一样。从道路看过去是白宫的柱廊，这里是总统欢迎客人的地方：天黑以后这里就变得灯火通明，宛如白昼。摄像机的角度暗示着每一个自由的美国人，都也可以直接走向总统的房子，给他提点意见，然后继续前进。"他不在家？好吧，记得告诉他我来过，下次来特区时我再来找他。"

　　驻足在白宫门口就像许多美国人停在麦当劳的路边窗口或者社区银行一样（图 290）。我们从一个角度走向服务员，经过与服务员的短暂交涉后：我们拿着零钱或汉堡继续前进。在一个多元化的社会中，以这种没

图 291　林肯纪念堂的纪念雕像，由丹尼尔·查斯特·弗兰奇于 1922 年所作

什么压力的方式相遇意味着对较少的摩擦。

　　即使当我们无法以一个角度接近物体时，通常我们也会通过其他方式来减轻冲突，从而从另一个视角记住一个纪念碑。亨利·培根设计的林肯纪念堂坐落在国家大草坪上，它与国会大厦分别在国家大草坪的两端。纪念堂的中心是丹尼尔·切斯特·弗伦奇设计的林肯雕像。这个雕塑是国会公园委员会选择的，希望用它来保持国家广场和国会山的平衡。这也是在美国最著名的雕塑之一。林肯坐在位于纪念堂的正中间的椅子上，默默地看着远处的国会大厦，它的周围环列着一圈新古典主义柱廊。虽然这个位置令人印象深刻，但是人们在照相时经常会与偏离雕像而不是正对着他，这个角度的林肯深入人心（图 291）。[6] 我们在林肯纪念堂前放置了一个 2000 英尺长的水池，同样是为了不让人们直接接近纪念堂（在

国会山的底部国会大厦的门前也有一个大水池）。最终，许多人记住的林肯纪念堂不是站在国家大草坪上正对纪念堂的样子，而是在纪念堂后面与纪念堂呈一个角度，这个角度要么来自石溪公园大道（Rock Creek），要么来自纪念桥（见图 184）。

相似的是，我们通过"切割"波多马克河来模糊杰斐逊纪念堂和白宫的联系。我们创造了潮汐港湾把两个建筑分开。因此，杰斐逊纪念堂看上去像一个坐落在小岛上，环绕着樱桃树的田园诗般的寺庙。而不是终结那条从白宫放射的轴线的建筑物（见图 233、图 244）。

爱德华·霍尔在病房里做了一个实验，其报告证明了人们倾向于减少冲突，虽然实验地点在加拿大萨斯喀彻温省，但是这个实验仍然引起了众多美国人的共鸣。[7] 医生和其他工作人员在病人娱乐室里新添置了一些桌子和椅子。他们想知道特意放置的家具是否会有助于病人之间的互动。每张桌子都是矩形的，可以坐 6 个人，长边能坐两个，短边能坐一个。所有的家具也都是可移动的。通过一段时间对病人的观察，医生发现当两个病人坐下来谈话时，大多数人都会把椅子拉出来坐在桌角处交谈，一个人坐在长边，一个人坐在短边（图 292）。交谈时病人的视线都会绕过对方，只有在需要的时候，他们才会各转 45° 角面向对方。这种空间布局与朗方设计的国会大厦与白宫形成的"L"形几乎完全一样。

很多美国人房屋业主在缓和访客进入房屋可能感觉到的对立感时，会告诉访客走前门（图 293）。当房屋四四方方地面对街道时，通向房屋正门的小路往往是蜿蜒的。这种模式非常普遍，几乎成了美国的符号（图 294）。相似的是，罗伯特·文丘里在母亲住宅中让车行道与建筑有一个角度，母亲住宅坐落在宾夕法尼亚州的栗子山上一块旗状地块

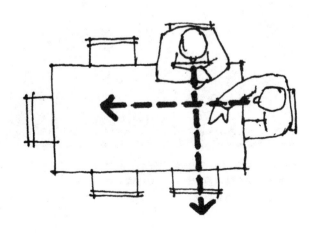

图 292 萨斯喀彻温医院典型的"两患者"座位安排

图 293 下：俄亥俄州哥伦布的曲
线形宅前小径

图 294 右：《温馨家园》(Home,
Sweet Home) 中的一副配图。
作于 1991 年。版权所有：ME Ink.

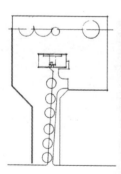

图 295 文丘里母亲住宅，1961 ~ 1964
年间建于宾夕法尼亚州栗子山，罗伯特·文
丘里设计。左为总平面，右为正立面

图 296 密西西比河旁的橡树庄园，摄于 1830 年

上，只有一条车行道连接街道和建筑（图 295）。在这个案例中小住宅并没有被长长的街道和直角所打败——因为这栋房子将失去冲突感。

在美国，强烈的轴线正对建筑入口的建筑布局可能只有在南北战争前的南方才显得十分正常。当时的建筑通常位于小路的尽头，例如路易斯安那的橡树庄园（Oak Alley）（图 296），或者是弗吉尼亚州沃伦顿（Warrenton）县南部法院（图 297）。在这些地方道路直接通向建筑正门，这似乎是对等级和征服文化的恰当表示。

许多美国人喜欢一路径直走向一个目的地，然后继续走向另一段旅程。由于纽约的中央车站正对公园大道轴线，因此乍一看车站本身就是道路尽头的终点，所以中央车站应该是这种模式的一个例外。然而即便是在这里，精心设计的道路网让我们可以环绕着

图 297 弗吉尼亚州沃伦顿的法院，建于 1853～1854 年

图 298　上：纽约中央车站，1913 年设计，1919 年主体工程完成，摄于 1939 年

图 299　上右：纽约中央大楼，由沃伦与维特摩尔于 1929 年设计，照片摄于 1936 年。泛美大厦（设计于 1963 年）坐落于纽约中央大楼与中央车站之间，除了其外观略有违和之外，并不影响周围复杂的机动车交通

建筑通行，而且建筑主入口抬高了整整一层楼高（图 298）。对那些确实要进入中央车站的人来说，这座建筑是一个恰当的美国符号，它的主要功能就是让我们上车，踏上另一段旅程。大厦的北面是原美国中央大楼（现为赫尔姆斯利大厦），这栋大楼的底部基础有一个凹入，行人车辆都能畅行无阻。所以说这两座建筑都在让我们通行（图 299）。

我们清楚地记得许多建筑吸引我们走向它，我们会在建筑前停一下，然后继续前进。一个坐落在华盛顿特区环路外岬角上的摩门教教堂就有这种吸引力（图 300）。人们在环路上从东向西行驶，这是一条上坡路。在快到山顶时突然向下俯冲然后与教堂渐行渐远。从教堂附近的街道看教堂时，它不是一个特别具有纪念性的建筑。但是当我们从环路看教堂时，它是一个地标。自从这座教堂在 1974 年向公众开放，它便成为当地人在给驾车来访的客人指路时通常的一个参照点。

在纽约北部农村有一个实用的筒仓坐落在道路的拐弯处，这个筒仓给人们留下了深刻的印象，然而这一切仅仅是因为它暗示着拐弯处有更多的东西，有更多的冒险（图 301）。谷仓没有任何建筑特征，但是它却提醒我们建筑的建造地点与建筑的其他特征同样重要。在这一点上，一座马萨葡萄园的小房子，如果与街道成直角的话，就显得太小了而且承受不了面临的冲突。房子与街道几乎是正切的，因此人们在拐弯处接近这栋房子时仍能保持前进的态势，进而转弯。这让建筑看上去貌似宏伟，

图 300 华盛顿特区摩门教堂

图 301 纽约州萨利门的农屋与谷仓

图 302 住宅，玛莎葡萄园

虽然它的尺度并不大（图302）。

我们热衷于看一眼然后继续前进，这一点对美国人有着特殊的吸引力，这也部分解释了为何美国人对罗马的西班牙大台阶中情有独钟（图303）。台阶不正对圣三一教堂（Santa Trinita dei Monti）正立面，这符合美国的价值观，与希克斯图斯五世时期巴洛克式的纪念碑和长轴线则相去甚远。在美国电影里，具有这种形态的大台阶及教堂经常作为标示地点的场景出现，这也暗示了美国人十分喜爱这种布局方式。美国运通公司是一家服务于出国旅行人士的典型美式企业，它的罗马分公司便设立在西班牙大台阶附近，也算是依托了大台阶的知名度。

靠近一个建筑然后经过它只能算是半段旅途。除非这条道路是单行线，来去都沿同样的路线。因此，正如凯文·林奇所说"一系列的元素必须按照两种顺序排列，就像电影或者磁带既可以正着放，又可以倒带。"[8]

即使在美国正方向和反方向也同样重要，我们还是会发现一些注重返程感受的例子，例如位于纽约的小詹姆斯·伦威克设计的格雷斯教堂（图304）。百老汇大街起始于曼哈顿下城，在经过格雷斯教堂时，街道开始拐弯，变成一条穿越曼哈顿网格的斜向道路。当一个人从下曼哈顿走近教堂时，教堂与百老汇街有一定角度，并退后街道，但是教堂的塔尖却正好在百老汇街的轴线上。这个布局的象征是复杂的：塔尖像是一个终点，教堂的立面却让我们转弯，去探寻一些视野之外的东西。在一座正

图303 意大利罗马的西班牙大台阶，后面是三一教堂。下为平面图；下右为透视图

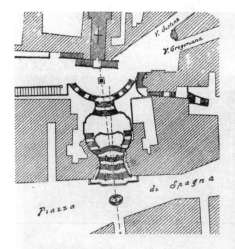

在郊区化的健康城市中，这是一个合适的象征。

　　不幸的是，现在的百老汇大街是一条单行道，车辆只能从曼哈顿上城开向下城，这样，教堂和塔尖不再出现在人们的视野中（图 305）。当人们开车经过教堂，只能在车转弯后从后视镜中看到这座建筑最美的一面。如果有一个同等壮观的建筑立在紧邻教堂南边一点的地方，那么人们才可能在双方向都有这种体验。每个建筑都会与对方大相径庭，每个建筑都只统治着一个方向，没有谁能够统治两个方向。正如罗伯特·文丘里所说，当我们经过"一个复杂的布局时……在一个瞬间只有一个意义具有统治性，在另一个瞬间另一个意义具有统治性。"[9] 这两座共同坐落在百老汇大街上的建筑赞颂着过往的路人而不是它们自己。

　　无论正方向还是反方向，路上的拐弯处标志着方向的转变——所以在许多情况下拐弯也意味着一个新的开始。查尔斯·摩尔认为弯道在本质上是有趣的东西，他称之为"系统中的皱褶，图案中的曲折。"[10] 他认为

图 304　上左：纽约市格雷斯教堂，小詹姆斯·伦威克于 1846 年设计建造。图示为从百老汇向北看的景象

图 305　上：从百老汇向南看的景象。格雷斯教堂位于左侧

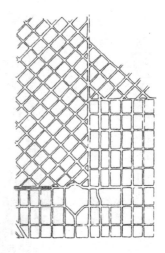

图306 右：旧金山路网，上右；丹佛路网，右；达拉斯路网，下右

图307 下：休斯敦市中心

不同网格系统碰撞形成的弯道能创造活力和新的可能性，例如丹佛、达拉斯和旧金山的中心商业区（图306）。相似的是，整个休斯敦市的市中心与周围街道也都有一个角度，每一条通向市中心的引路都提供了某种机会（图307）。转弯处就是枢纽，我们应该从双方向远距离地观察它，理解它在这座城市中的角色。当然，有的建筑师会利用这种场地表现两条不同轴线之间的张力，或者只是简单地抓住人们的眼球，正如拉斯韦加斯赌城大道的转弯处，建筑师在这里放置了最大最华丽的标志（图308）。

在美国的规划法令中，这种交汇枢纽应该作为特殊的地方对待，但目前它们还没被特殊对待。标志、特殊的立面、大体量建筑都能够让这些枢纽变得与众不同。在转弯处放置更大更热情洋溢的标志能够让整个社区充满吸引力，正如纽约唐人街的运河街（图309）。

为了避免分区规划的缺陷，一个包含市政当局的合法建筑不能独自

图308　上左：去往拉斯韦加斯道路上的珍宝岛标识牌

图309 上：纽约市运河大街，图为西侧

图 310　道路拐弯处的
鸭子雕塑

处理一个小的区域或者单体建筑。正如运河街上的那座单体建筑，它与它周围的建筑十分不同，可能人们会在一个城市中先创造一类"枢纽"，然后再用相同的规则对待它们。人们甚至会鼓励这样的枢纽：枢纽的基座对应着一种准则，顶部对应着另一种，就像格蕾丝教堂那样。简单地说，我们会鼓励"鸭子"（释义：美式建筑术语，表示对建筑宗旨的尊重）能转过它的头，拥有规则上的二重性（图 310）。

　　但是在试图让建筑配合转角时，我们必须考虑到美国人喜欢简单地解决方案，或说是简单的建筑造型。例如西特认为紧密排列的街道所形成的建筑地块能够提供巨大的机会。"建筑师害怕不规则形状的地块里的哪些要素呢？"他沉思着。[11] 托马斯·杰斐逊更了解美国人的心理。他担心既实际又崇尚平等的美国人不会喜欢那些不规则地块，例如朗方在华盛顿规划中设计的斜向道路与正向道路形成的地块。他的担心来源于这些形状消极的空间，这些地块建成后 200 多年都没人光顾。他的担心在其他一些斜线围成的不适合建房的地块中也得到了证实。例如费城的本杰明·富兰克林大道（图 311），*或者纽约市第七大街南段，20 世纪初第七大道沿对角线穿过格林尼治村，如今却形成了许多形状尴尬不适合建造的地块（图 312）。

　　当建筑不与街道在一条直线上时，不确定性就产生了，建筑似乎有着自己的安排，街道也有自己的安排。这就是菲利普·约翰逊在罗斯福岛上设计的居住区所产生的问题，这个居住区在纽约东河上。约翰逊决定把这里的街道全部做成曲线并让建筑与街道相切，而不是让街道笔直的从岛的一端穿到另一端（图 313）。[12]

---

*　雅各布斯·盖斯堡．本杰明富兰克林路的设计，如同法国人一样。盖斯堡同样将法国巴黎的对角街道体系运用于美国

图 311 上: 费城费尔蒙特公园大道。这是从市政厅观望的景象, 摄于 1920 年

图 312 左: 纽约市格林尼治村第七大道路边的小建筑。不规则的界面与邻近建筑暴露的山墙是新道路穿过旧社区所形成的典型现象

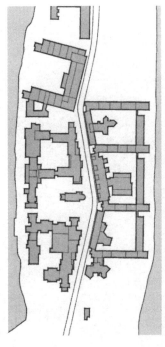

图 313　上：纽约市罗斯福岛平面图，菲利普·约翰逊 1969 年设计

图 314　上右：罗斯福岛的主街。图片显示了建筑入口石砌踏步与路边人行道之间的关系

　　通过把道路做成曲线，约翰逊可以避免两端开放的景观，从而创造更亲密更紧凑的街景。然而狭窄的岛屿以及 U 形的建筑压迫在道路两边，使得这里看上去像是中世纪的小镇。后来设计公寓的建筑师让建筑退后街道以避免这一缺陷。一些建筑的立面和入口不与街道相切，在建筑与建筑之间，街道与街道之间留下了不规则且不完整的空间街景（图 314）。*

　　在纽约的河边公路，弗雷德·劳·奥姆斯特德将道路曲线的半径做得足够大、足够平缓，因此建筑与曲线能够平滑契合，从而解决了这个难题（图 315）。事实上，一些建筑立面与道路曲线并不完全吻合，但是它们与道路正切，就像马萨葡萄园的建筑那样。

　　美国公路的曲线和转弯，尤其是那些大型城市周边的环形高速公路，产生了类似的建筑吸引力。美国的州际公路项目开始于 1950 年代，公路大都是连续的几何曲线，这就提供了许多可以放置建筑和标志牌的地方。人们在远处就能看到标志牌和建筑。作家克里斯托弗·腾纳德和鲍里斯·普

---

* 约翰逊的规划把西特理解却没有解决的窘境戏剧化了，虽然西特喜欢曲线街道，但是他知道"如果扭转的街道和不规则的建筑被人为地放进规划，"结果将是"伪装的淳朴，故意做成无意的样子。"西特想知道"在他的规划中，过去一个世纪历史上的意外事件是否能够被创造并且按照最初的规划建造，人们是否会发自内心的喜欢这种人造的朴实和有意的无意？答案是绝对不会"（《城市规划》，111 页）。

图 315　纽约市滨河大道鸟瞰，弗雷德里克·劳·奥姆斯特德，摄于 1886 年

什卡莱夫看到了高速公路和路两侧的建筑之间的协同作用，例如他们发现了坐落在高速公路旁小山上的一个医院对人们具有强烈的吸引力，这个医院位于西港（West Haven），俯瞰着康涅狄格州收费站（图316）。[13] 建筑本身并不突出，但是它在高速公路旁，因此建筑把我们的视线拉向了它，就像华盛顿环路边上的摩门教堂。然而，在大多数情况下，我们没有掌握使用成对的符号作为大门或者过渡的方法，因此我们没有在战略性的地点设置尺度适宜的符号和建筑，我们也就不会被建筑所吸引，然后再离开。[14]

在这一点上，约翰·纳什规划的伦敦摄政街是街道与建筑的相互关系上，一个值得学习的案例。最有特点的是，纳什沿街道两旁放布置了柱廊和凹凸有致的建筑立面，让建筑与曲线形街道紧密贴合，这种极具趣味的设计还引导着我们的视线（图317）。如果可能的话，他会把更加有趣的建筑放在街道的尽头或者曲线的外侧，这样人们就能在更远的地方看到建筑。他还发现观察者的兴趣取决于曲线内侧建筑的特征，通过让这些建筑拥抱街道，街道景观随着建筑的改变而改变，也避免了景观过快地出现。摄政街看上去是自然连续的，道路外侧与内侧的相互关系则是其中的关键因素。

连续的曲线和弯道是为了绕开各式各样的现存建筑，并不是纳什的首选。因此，摄政街成了一条十分弯曲的街道，这反映了在一个民主社会中对私有财产权的绝对尊重，同时也给规划带来了艺术方面的难题。与纳什相反的是奥斯曼，他在巴黎的时候为拿破仑三世工作，在罗马时为希克斯图斯五世工作。奥斯曼绝对会拆除更多的建筑让街道变得笔直。对于胸襟比较开阔的美国人，即便在19世纪初期，纳什这种紧密的曲线也看上去也是幽闭而恐怖的。如今，由于交通和安全的原因，这种方式是不合规范的。

卡米略·西特和勒·柯布西耶都对相互耦合这一问题进行了大量的思考，他们都认为在曲线外侧的建筑挖洞是错误的，这将使得缺失的建

图316　康涅狄格州西黑文的退伍军人医院，摄于1962年

图 317　左：伦敦摄政者大道

图 318　左下：西特所作的比利时小镇布鲁日街道的分析。西特分析了位于由完整连续的街道立面所形成的弧形线之外的史蒂芬广场

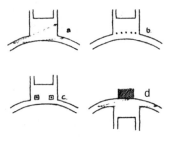

筑更加明显。西特认为普莱斯·斯蒂芬在布鲁日设计的曲线外侧被挖了一个洞是"十分罕见的做法，因为街道的凹面能突显建筑的优点，所以一般人会尽量不去破坏它（图 318）。"[15] 勒·柯布西耶也得出了同样的结论，他画了一系列草图，[16] 显示了曲线道路外侧的缺口是不美观的，是制造混乱的东西，并提出了改进的方法（图 319）。*

在美国式的景观中，当一条曲线两侧随意排列了许多小建筑时，应该在曲线的哪一侧开洞这一问题的答案是相反的。在曲线的内侧开洞、开一条小缝或者留一个建筑场地都会使旅程出现一条捷径。当这些缝隙存在时，我们从这些开放的景观穿过去以节省时间。例如当罗斯福岛当局决定保留岛中央现存的教堂时（弗雷德里克·威瑟斯设计），如何将教

图 319　上：勒·柯布西耶所做的分析图。其显示了体现一个建筑在街道上的重要性的不同方式。图 a 中将建筑从街道沿线向后退以形成一个空洞是让其最不显眼的方式；空洞可以被树木或者雕塑弱化，就像图 b 与图 c 那样。而像 d 那样则是让建筑最彰显其重要性的方法

---

* 勒·柯布西耶最初支持过西特的一些理念，后来却又强烈地反对。他尤其批评了西特喜爱的意大利山城的优美曲线。批评它是"纯美学和混乱的哲学"。他批评西特的道路是艺术的道路 ｎ（les chemins des artes.）ｎ，反之，笔直的道路是人的道路（"les chemins des hommes"），它们的区别是"人走直路是因为有目标"（"L'homme marche droit parce qu'il a un but."）（引自 Rcyner Banham 写的《第一机器时代的理论和设计》[纽约，Praegcr，1960 年] 第 248 页）。勒·柯布西耶认为人们走过一条直线道路是因为人们有一个目标，而驴子却没有，伯纳姆认为勒·柯布西耶打了一个不恰当的比方——"如果在视野中有某种结尾，驴和人都会沿直线行走"（《第一机器时代》，第 248 页）。事实上当人和驴认为有必要时，他们也都会沿着拐弯道路行走。

图320　罗斯福岛主街，北望的景象。左侧可看到礼拜堂的后背，它由弗里里克·威瑟斯于1889年设计建造

堂和主要道路之间的关系处理好成了一个棘手的问题。约翰逊的方法是让道路拐弯，绕过教堂背面，提升教堂的背立面的重要性（见图313）。即使建筑在曲线的内侧，建筑与人行道之间也能有足够的空间形成一个小广场。许多行人接近教堂时都会离开人行道抄近路穿过广场（图320）。这种行为缩短了路程，但同时也让曲线的效果降低，使它显得不那么重要。

　　在处理曲线道路的问题上，建筑和艺术有时候有着相反的规则，例如爱德华·霍普尔（Eeward Hopper）在他的画作《加油站》（Gas）中使用了捷径展现出艺术效果（图321）。这幅画将我们的视线拉向画面中心，拉向明亮的地方。霍普尔把加油站放在了一条平滑曲线的内侧。在画面中，我们的视线倾向于离开道路并停在油泵和加油站之间。画中明亮的油泵和建筑射出的暖光吸引着我们。远处黑色的森林则喻示着一段新的未知旅程。

　　然而，适用于霍普尔画作中的艺术构建在现实景观中却无意间产生歧义与迷惑。马萨葡萄园中一个位于曲线内侧的加油站证明了这一点（图322）。当我们要转弯时，这个加油站暗示着我们可以抄近路穿过它，虽然这不是一条正路。如果没有车辆排队等着加油，我们可以悄悄地穿过加油站然后重新上路。节省时间之余我们也必须权衡一下，一定不能让车子撞上油泵。在人们的眼里这里甚至暗示着：来吧，抄近路。

　　在美式开放景观中，如果想有效地把握曲线，建筑就不需要紧贴曲线，像纳什设计的摄政街那样。在霍普尔的另一幅画中，一座独立式建筑和几棵小树与道路之间有一定距离，霍普尔想说明通过这种方法即可把握住曲线（图323）。这幅画名叫《荒野》（Solitude），可能是因为画中没有人，

图321　左:爱德华·霍珀所做的一幅关于加油站的画,布面油画,66.7 厘米 ×102.2 厘米,收藏于纽约现代艺术博物馆。西蒙·古根海姆女士基金会。版权所有:现代艺术博物馆 1996 年

图 322　下:玛莎葡萄园的一座加油站

图 323　左:素描《寂静的 56 号》,爱德华·霍珀创作于 1944 年,其画于 38.3 厘米 ×56.2 厘米的纸上,收藏于惠特尼美国艺术博物馆,在最终成稿时,霍珀删除了左侧的房子

图 324 上：位于纽约百老汇的联邦海关大楼，卡斯·吉米伯特设计于1907年。大楼威严的外表被楼前的树木软化。右后侧为炮台公园

图 325 右：下百老汇平面图

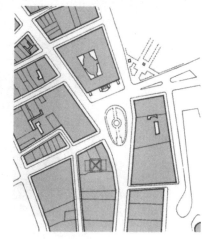

不过标题与画面也有共鸣，因为我们知道停留在曲线内侧是十分不容易的。我们的目光会被拉向画中拐弯处，视线会掠过右边的小房子，因此我们只有很少的时间去关注住在房子里的人。

在下曼哈顿百老汇街的尽头有三栋建筑，它们的布局十分特别，这种布局很自然的带领我们来到转角处，就像美国的其他转角处建筑一样。每一栋建筑都因为有其他两栋建筑的存在而魅力倍增——这种建筑间的互相依存关系在美国是十分罕见的，因此并没有什么研究价值。这三栋

图 326　纽约市百老汇的标准石油大楼，卡里尔与黑斯廷斯于 1922 年设计建造

建筑中最重要的是卡斯·吉尔伯特设计的美国海关大厦（图 324）。这是个不规则形式的建筑，它的门前有一个小广场，名叫宝琳绿地。这个广场貌似是街道的终点。不过百老汇大街在接近宝琳绿地时分成了两条道路，暗示了百老汇大街即将结束（图 325）。

　　卡尔和黑斯廷斯设计的标准石油大厦位于百老汇大街弧线的内侧，它在这个布局中同样重要（图 326）。这栋大楼的顶部有一个塔楼，塔楼与主楼之间有一个倾角。"在寒冷的冬天，塔楼像一座香炉那样冒着白烟和蒸汽，随风飘散，"[17] 塔楼不与主楼平行，而是与北面的大楼平行。整

图 327 炮台公园方尖塔设想方案。此地与海关大楼距离较远，已使后者看不见尖塔。地区规划协会创作于 1931 年

座大楼像是意大利宫殿风格的建筑，它的下半部分向外突出，与道路弧线紧密贴合，缓缓地揭开海关大厦的面纱。

一条从宝琳绿地向北延伸的长直街道形成了一条轴线，海关大厦却不在这条轴线上。而是在街道尽头的转弯处，当一个人在宝琳绿地广场北看海关大厦时，能够看到建筑正门和入口大台阶一侧的丹尼尔·切斯特·弗伦奇的雕像。从宝琳绿地向北走几个街区，再向南看，开放的视野直接通向炮台公园。然而有一栋位于公园的前面的建筑在道路的东侧，与它周围的建筑有一个轻微的角度。暗示着这里不是结尾，前面还有东西。这是三栋建筑中的最后一座，名叫做百老汇一号，它微妙地暗示着前方还有一个结尾，虽然我们看不到它。

百老汇一号的重要性在一项 1920 年提出的规划中昭然若揭，当时有人提出在炮台公园的位置上建一座方尖碑，但是最终并没有这么做（图 327）。这座未建成的巨大纪念碑告诉人们，这里才是街道的终点。尽管百老汇一号很小，却在平静地反驳着这一做法。

由于百老汇一号尺度很小，所以它成为后面尺度更小的海关大厦和其他高楼之间的过渡建筑。[18] 如果海关大厦直接对着轴线，中间没有任何过渡，那么海关大厦将会显得极其渺小。人们将看不见建筑的细部，即使是那些尺度巨大的窗户。站在百老汇大街上，从远处看去，人们甚至看不到海关大厦，因为高低起伏的街道地形挡住了人们的视线。

虽然最初看上去整个布局像是一条道路通向一个终点，实际上却不是。当我们沿着百老汇大街向南走向终点时，会发现有两个选择，一是拐一个小弯在海关大厦结束这段旅程，二是穿过炮台公园，走到港口，望向大海，享受着在百老汇大街上看不到的景色。

第 8 章

无尽的队列

我们总是等不及，又一次上路

威利·尼尔森（Willie Nelson）

《又一次上路》

路径和目标似乎总是相辅相成的——例如通向祭坛的走廊，通向市镇广场的蜿蜒街道，或者是通向国王雕像的宽阔大街。它们创造了一种模式，凯文·林奇称之为传统的"引导——发展——高潮——结局"的序列模式。尽管历史上几乎所有建筑都采取过这种模式，从基督教堂到玛雅寺庙，再到北京紫禁城都能看到这种模式的影子。因此直到现在一些建筑师依然执着于这种模式，但他们很难完全适应美国人的方式。在美国，人们通常让建筑赞颂旅程本身，而不赞颂其象征性的效果。事实上，大部分设计师忽略了道路设计向建筑学方面发展的可能性，正如林奇所说的"避免最终的结局。"[1] 如果我们要设计一座符合美国文化价值的建筑，我们就必须重视旅程自身！

如果一段旅途没有起点和终点，也没有明确目标，那么这段旅途似乎是无迹可寻和无法解决。然而美国一些最值得纪念的场所赞颂旅途，而不是赞颂其最终部分的结果。如果人们在一个地方可以自由的来来回回，不被打扰，想何时结束就何时结束，那么这个地方就具有深深的吸引力，罗伯特·H·H·赫格曼（Robert H. H. Hugman）设计的得克萨斯圣安东尼奥河边人行道便是如此。在 1929 年，那时赫格曼还是一个年轻建筑师，他认为将城市中心的防洪沟渠做成暗渠是毫无远见的。[2] 相反，他认为这条半英里长的沟渠应该是开放的，并且应该在沟渠两岸设计景观和其他便利设施。

　　从此河边人行道成了圣安东尼奥的无价之宝（图 328）。河道两旁布满了商店和餐厅，人行道上人潮涌动。河流比桥梁低了一层楼，蜿蜒地穿过土黄色的建筑。当人们在与街道齐平的桥上时，都会扫一眼桥下的纤细的绿色奈罗河。只有当人们走下楼梯，漫步在河边时，河道两边的景色才会一览无余。赫格曼设计了连续的人行道，它们绕过桥墩，经过销售玛格丽特酒和玉米片的咖啡店，然后继续前进。只要河边人行道是连续的，人们就能不被打扰的在河边漫步。

　　在赫格曼设计的河边人行道上，开始和结束并没有什么重要的象征意义，有些地方大大的白墙唐突地立在人行道上，毫无仪式感地标识着赫格曼的努力，还有一些地方的人行道突然就终止了。然而这些突兀的中断并无大碍，因为多数美国人相信旅途的高潮没有特殊的意义。因为生命就像无止境的旅途，因此结束只是一个转身的地方，而后我们向着另一个方向继续前进。

　　河边人行道成功的关键在于建筑层次的变化，赫格曼在这个方面做得不错，因而避免了前门后门的问题，这个问题曾经困扰了赫格曼很久，形成了街区当中的通路。通常规划时，人行道的两面通常可能会面对没有吸引力的后院和建筑的后门。然而由于人行道比街道标高要低，因此修建好后的人行道与建筑的地下室处在同一层高。后来这些地下室被租出去作为商业用房，因此正门重新面对了街道。

　　林璎（Maya Lin）（本书中文版责任编辑注：华裔建筑师，梁思成夫人林徽因的侄女）设计的华盛顿特区越战纪念碑与河边人行道产生了截然不同的影响，但是人们参观纪念碑时的顺序与参观河边人行道的确很

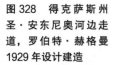

图 328　得克萨斯州圣·安东尼奥河边走道，罗伯特·赫格曼 1929 年设计建造

相似（图 329）。越战纪念碑的参观道路是一条 V 形道路，道路的一侧立着一块大理石石碑，上面刻满了越战阵亡的美国将士的名字，道路由一个缓坡开始深入地下然后又重回地上，这样两个锥形石碑在最低处相遇。参观途中最紧张的时刻是到达纪念碑中点的时候，也是到达最低点的时刻。在这里人们仰望着刻满阵亡将士名字的石碑，这些名字带来的压迫感势不可挡，然后人们重新向上走，这些名字也在逐渐消失，直到我们走上大草坪时完全消失，这时我们的视野中只有草和树。旅途的结束没有特殊的意义，在这段路程的最底部，我们记住了最难忘的东西。

即使在包含一段旅程的正式仪式中，我们也不会刻意强调开始和结束，例如当报道总统的国情咨文演讲时，我们不会报道总统从白宫出发或者结束后返回白宫，人们只会报道他的演讲。相反当英国女王因公事离开白金汉宫时，她会举行盛大的仪式。摄影记者有时会记录马车缓缓驶出大门的时刻，他们同样会记录女王到西敏寺大教堂和圣保罗大教堂的时刻。

在美国，旅途本身就是重要的，路上的所见所闻又将旅途铭刻在记忆里（例如建筑、弯路、洞口和我们停下的地方，这期间出现的事物又给我们以建筑学方面的感受），因此连接这些事物的路程也同样重要。这些空间创造了节奏和韵律，表达了一种模式，林奇认为这种模式在现代世界中将越来越重要。林奇将这种模式类比为音乐中的优美旋律，他认为"路上的各种事物、空间变化和动态感受都能组织成一首旋律优美的曲子，即使在很长的间歇后，人们仍会切实感受到这种旋律存在。"[3]

尤其是当一个人处于运动状态时，不同元素之间的距离会使各个元

图 329　华盛顿特区越南战争纪念碑，林璎 1983 年设计建造

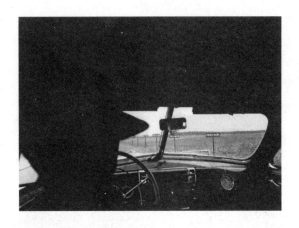

图330 从车中可看到高速公路边连续设置的柏马（Burma）剃须膏的广告牌

素排成一个序列进入我们的脑海中。在明尼苏达南部经营大型剃须膏企业的奥德尔家族，在1925年时通过一种非常简单的方式发现了这个商机。他们推出了一则在美国广告史上最著名的广告。为了让驾车旅行的人看到他们的产品，奥德尔家族沿着高速公路，每隔一段距离就竖起一座广告牌（图330）。为了让这些广告牌富有活力，他们为每一句广告语都加上了韵律，后来"柏马剃须膏"成了一个家喻户晓的名词。

六个广告牌之间都有一定距离，当人们以35英里每小时的速度行驶时，每隔3秒会看到一个广告牌，因此，柏马剃须膏能够给人们持续18秒的刺激。[4]奥德尔家族同样了解速度与间距的相互关系。他们意识到如果驾驶员加速，他们将忽略一些广告牌，因此柏马剃须膏于1955年的广告语是这样写的"开慢点，孩子他爸／为了生命着想／孩子他妈，你错过标志了／四／五／柏马剃须膏。"

40年后，当这个广告终于停止播放，超过3000个这种有着韵律的广告牌遍布全国，数以百万计美国人记住了这个台词，有些人甚至倒背如流。芒福德在这种方式的广告出现后35年对城市有这样的论述："人们走在路上会看到各种东西，但是只有当人们重复看到从眼前闪过的每个个体后，人们才会记住这些个体并把它们拼凑起来。"[5]芒福德还可以加上一句——正如奥德尔家族所证明的那样——空间上的间隔也是具有意义的。对于驾车人来说柏马剃须膏暗含运动之意，就像拖着一根长棍走过楼梯栏杆时那样。*

---

* 对于重复出现的标牌，高速公路管理部门十分重视它们的价值。在高速路上，出口信息或立交桥信息经常会重复出现。在弗吉尼亚，高速管理部门最近也开始尝试使用有韵律的标语。在华盛顿特区外围66号公路中间均匀放置的标志牌，提倡人们拼车出行。这些有韵律的标志牌唤起了人们对柏马剃须膏的记忆。

柏马剃须膏的广告牌全都放置在高速公路的一侧。然而，放置在两侧的广告牌更能创造出强烈的韵律感左一个右一个，创造出交错和对应的韵律，就像弹球机的双连击。这种交替的韵律又像美国的街区模式和整齐排列的建筑。我们的注意力从路的一边转向另一边，看着每个独立的物体一闪而过。

有时候建筑物的序列能产生这种韵律，建筑物之间的留白有时也能产生这种韵律。在过去，人行道边排列整齐的植株决定着韵律。在 19 世纪，美国人对自己在世界的新身份有了信心，我们美化国家的愿望也随之爆发。各种进步的社会组织和邻里间的社团如雨后春笋般出现。他们最常做的一件事就是种植行道树，而且大多是榆树。亨利·詹姆斯看到了康涅狄格州利奇菲尔德街道两旁的榆树产生的细微能量："如果说街道是'榆树成荫的'，那么你就只关注到了榆树而忽略了其他的东西……宏伟碧绿的风景和郁郁葱葱的树荫让人们可以在此玩耍，享受生活。看看我们做的究竟是多么的少，我们这里的元素多么的单一。"斯喀利（Scully）还认为利奇菲尔德（Litchfield）创造的华丽是"榆树林如同林立的黑柱，如同拱顶，将所有东西相互交织在一起。"[6] 在美国，人们经常把榆树简单地种在街道两旁，一左一右互相呼应。

在纽黑文的希尔豪斯大街，人们成对放置榆树而不是交叉放置（图 331）。

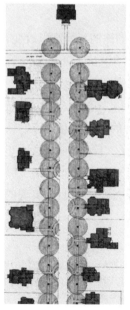

图 331　康涅狄格州纽黑文的希尔豪斯大道。左图为 1879 年绘制的植树规划，右图为 1885 年实景

图 332　波士顿后湾
的联邦大道

然而即便是在这里树木也与树后不规则排列的房子相互对位。*变化的韵律
实在是再正常不过了，在波士顿后湾的联邦大街，起初种植的树都是成对排
列的，后来在不知不觉中，一些树木就起了变化。虽然树木仍然与两条道路
平行，但是替换后的树木经常被不规则地摆放，从而创造出了一种更加交替
的韵律（图 332）。

　　交替的韵律太具有美国特色了，美国人对这种韵律的喜爱难以改变，
这种韵律的含义与法国的小道上成对杨树的慢韵律含义完全不同，与香
榭丽舍大街上两排树木的含义也是不同的，与韦兹莱教堂成对的柱廊产
生的韵律还是不同的。这是美国的韵律：一种摆动而又摇滚的韵律，也是
拉斯韦加斯赌城大道的韵律，赌城大道与街道两旁的赌场相互呼应，彼
此平行的招牌。这种频繁交错的韵律帮助我们回答了文丘里，斯科特·布
朗和艾泽努尔提出的问题："尽管这些互相竞争的广告牌发出难听的'噪
声'，但是我们确实能够找到我们想去的地方，那么我们是怎么实现的

---

* 榆树以不小于 45 英尺的株距种植后长得最好。在一条 30 ~ 36 英尺宽的郊区街道上，人
们每隔 45 英尺在路两旁成对角线交错种植树木，这些树木成熟后，树枝互相交错，阴
影覆盖了道路。这些交错的树枝让树荫能够跨越十字路口而不干扰空间。有时在更宽的
街道上，人行道的两侧就排列着交错的树木，形成了车道旁的侧路。

希尔豪斯大街的尽头有一栋房子和街道两旁的树木共同赋予了街道以某种宗教氛围（后
来由于疾病，这些树被移走了，街道尽头的房子也被拆毁，整个街道成了开放的景观）。

图 333　拉斯韦加斯入城大道。上图摄于 1968 年，下图则是道路拐弯处题有"海市蜃楼"的标牌，摄于 1990 年

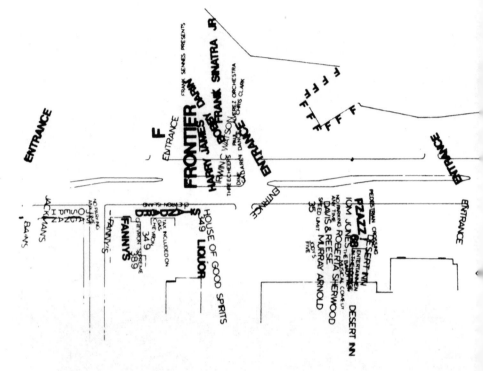

图 334　拉斯韦加斯入城大道的部分标志牌位置（文丘里、斯科特·布朗与艾泽努尔）

呢？"[7]在他们的著作《向拉斯韦加斯学习》中的插图显示：弗拉明戈赌场和恺撒赌场面对面坐落在街道两旁，它们的标志牌却并不相互面对，而是在自己的场地范围内尽量远离对方（图 333）。每个赌场都希望行车经过的人用几秒钟的时间专注于自己的标牌，每一个标志牌的周围也都需要一些开放空间以凸显自己，让自己映入过往人们眼帘。

　　虽然赌场老板们一直处于竞争关系，但是他们知道如果像一群销售员同时挤在门口推销自己的商品那样，那么客人很可能谁的东西都不买；还不如在一个时间只有一人推销。《向拉斯韦加斯学习》一书中的标志地图证明了这一点（图 334），如今人们在赌城大道上行走时，会发现两旁的广告牌没有哪个正对其他广告牌。它们的排列方式与前文说的榆树大体相似，这些标志牌让纷繁复杂的信息变得真实有序。虽然这种序列很普遍，到处都是。但是它们把道路连成了一个整体，为人们提供了连续的体验，这也是人们所希望的。

　　这种交替的韵律在西好莱坞日落大道上的万宝路广告牌中更为明显（图 335）。日落大道是一条东西向经过好莱坞的道路，因此在到达好莱坞山的山脚之前，它是一条长直延伸的大道。从山脚开始，这条路向左转弯，蜿蜒着向山下走去。万宝路广告牌上的人占据了绝佳位置——

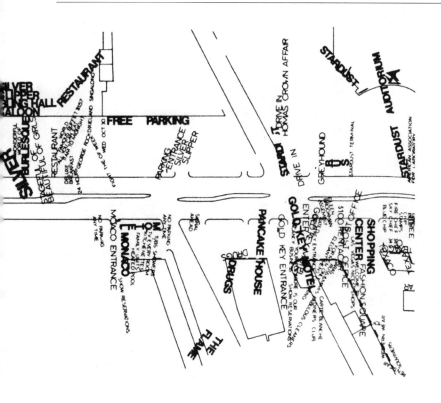

图 335　西好莱坞日落大道的万宝路烟标识牌。请注意这个万宝路男子向前伸出两根手指的英俊姿态

图 336　宾夕法尼亚州的布利兹伍德镇

弯道的起始处。它比周围的建筑大得多；当司机经过时，它将充满司机的视野。

在万宝路广告牌的前方，还有另外两个绘有人物形象的广告牌，因此万宝路广告牌显得更加具有吸引力。另外两个广告牌分列在道路两边，周围尽是商业的喧嚣，当人们靠近弯道时，他们便赫然耸现。这两个广告牌的形状很简单，就是长方形，但是它们却几乎和万宝路广告牌一样大。三个广告牌间距相等，并且有序地排列在道路两旁，人们先看到右边的广告牌，然后是左边的，最后回到右边，这里便是三部曲的终结篇——万宝路先生。

当人们开车经过这里时，会猛地向下俯冲然后转向左边。这种感觉与人们经过华盛顿环路边上摩门教堂时的感觉一模一样。然而，由于万宝路先生前面有两个与他距离相等的广告牌，因此万宝路广告牌有着更为复杂的吸引力。

像日落大道那样的商业街一直是让建筑师和规划师发愁的事情，由于商店互相攀比，这里嘈杂无序，更让这里与优雅高贵无缘。近 25 年来，许多书籍和展览都以推崇的态度记录了美国的商业街，尤其是那些造型奇异的建筑和广告牌。许多设计师都认为任何试图缓解这种伴随着繁荣的杂乱无序都会带来相反的结果。最好是从远处欣赏商业街，因为人们会设计严肃的东西以缓解不和谐感，或者是文丘里所说的"无尽的不一致性"，[8] 而这却会抑制商业街的活力，从而违背了商业街的初衷。[*]

虽然存在上述矛盾，拉斯韦加斯和日落大道上的韵律仍然给我们指出了思考这一问题的方法。所有商业街的目的都是简单的：商店要卖出商品，汽车里的人横穿道路时，想要能买些什么。当我们决定建一条商业街时，我们都希望商业街能完成更多的交易。

宾夕法尼亚的布利兹伍德（Breezewood）镇，位于宾夕法尼亚公路和从华盛顿延伸过来的 70 号洲际公路的交汇处，该镇是行驶在公路上的人和商家协同配合的最纯粹的例子之一。这个小镇实际上就是一条商业街。这里没有镇长，没有警察局，没有住宅；只有一条长长的街道，它的唯一目的就是卖东西给经过的旅人（图 336）。

像大多数商业街那样，布利兹伍德镇为数众多的广告牌也有等级制度和排列的原则。加油站、食品店、住宿和商店的广告牌一般比较大，它们会被放在靠前紧挨道路的位置。通常在这些广告牌的顶部有一个大大的标志。偶尔在标志下方还有几行附加信息，一般是费率和价格或者是个人业主的信息。大多数广告牌会比公路高很多，这样就不会挡住建筑和停车场。通常人们会把广告牌放在恰当的位置，这样车辆可以在到达广告牌之前就拐到辅路上，例如康涅狄格州一个公路收费站的标牌就立在麦当劳广告牌的前面。

由于高速公路两旁出入口的标志很矮，一些较大的广告牌就显得更大了。在布利兹伍德有一个极特别的广告牌：广告牌远离高速公路，在它的顶部有一个异常大的标志。就像在与高速有一定距离的地方放了一个高大的广告牌，布利兹伍德的这个广告牌广告昭示的是一个不在这条路上的商业场所，它在附近的另一条路上。

在布利兹伍德，由于每个广告牌位置不同，每个层级的广告牌在道路的上方都有自己相应的领空，这些广告牌的排列组合就像飞行中的商业航班。这种安排给了卖家更多完成交易的机会，店员们只需坐在廊道上，坐等大功告成即可。正如风格各异的建筑正门，广告牌的样式也都独一无二，因此所有商人都能够更高效地售出商品，只是那些过往的人在旅

---

[*] 尽管文丘里、斯科特和艾泽努尔在《向拉斯韦加斯学习》一书中把商业街作为严肃的建筑学议题加以讨论，但是大多数商业街的项目需求和建筑尺度并没有得到太多的学术重视。来往的人们没有时间去看这些广告牌，如果不能保证他们的安全，任何试图吸引他们注意的做法都是徒劳。虽然每一个全国性的食品经销商对经销点都有着自己特殊的要求，例如建筑地块、建筑尺寸、广告标识和座椅的平面布局，但是却鲜有关于这些方面的专门文献。但是在其他的建筑类型方面，例如学校建筑和办公建筑，却有大量著述。

图 337 上：得克萨斯
州休斯敦路边的一个
大标识牌

图 338 右：罗马城中
"波尔塔·皮亚"老
城墙门，米开朗琪罗
1561 年设计

图 339　去往市中心
的路

途中要经历和体会更多的韵律。*

　　广告牌后面的商店也分成不同的层级和建筑类型。即便没有华丽的
广告牌，美国人也能从建筑布局和开窗方式来分辨餐厅和加油站。就像
在纽黑文绿地（New Haven Green）有三个体量类似，间距相同但类型不
同的教堂，它们共同使这里变得高贵，在一条商业街上，等距离排列的
麦当劳、温蒂、汉堡王等餐厅也会创造出类似的美学张力。

　　特意放置的高大的广告牌能美化许多州际公路，尤其是那些进出大
城市的公路。得克萨斯的 10 号州际公路是连接休斯敦市区和休斯敦国际
机场的主干道。当游客第一次来到休斯敦时，在机场前往市区的路上就
能看到远处的天际线，从而对这个城市产生强有力的第一印象。10 号洲
际公路两旁布满了广告牌（图 337）。当他们周围的建筑低矮、地面很平
坦时，这些广告牌就显得格外高大。由于这里始终川流不息，这些大尺
度的广告牌充分显示了广告商对大量人流充满了浓厚的兴趣。建筑和广
告牌共同创造了一个美国的波尔塔·皮亚（Porta Pia）老城墙门，文丘里
称之为场所尺度上的"超级连接"，就像罗马的老城墙门（图 338）。[9]

　　10 号公路上大多数广告牌的内容是地方性的或者全国性的，这些广
告内容包括航空公司、威士忌和内衣等，汽车司机无需从高速公路出口
出去便能买到这些商品。因此，从营销的角度来看，这些广告牌如何精
确排列并不十分重要。因此，在排列这些广告牌时，人们享有相对的自由，
从而让广告牌之间的距离对人们产生最戏剧性的作用。如果广告牌像高

---

*　建筑边界清楚地标明土地所有人可以或者不能在哪儿放置广告牌。对于一个门脸很小的
　商家来说，把广告牌放在邻居的地块上能够给司机足够的时间减速并停在自己的商店门
　前，但是这种情况很少发生。这反过来说明了正如路缘坡之间需要有足够的距离以保证
　安全，我们应该在广告牌之间也留出足够的距离，让它们既美观又能创造足够的经济效益。

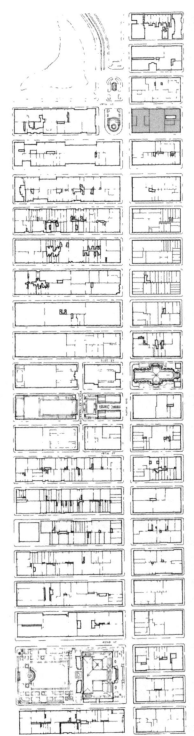

图 340　最左：纽约第 62 街至 39 街之间的第五大道平面

图 341　左：纽约市圣·帕特里克大教堂，小詹姆斯·伦威克设计，1858 ~ 1888 年间建造

图 342　下：纽约市洛克菲勒中心的国际大楼，从第五大道观看的景象

速公路上的那样巨大，排列得十分整齐，间距相等，并且与马路另一边的广告牌互相对应，那么它们创造出的韵律和榆树成荫的街道是一样的，只是规模不同而已（图 339）。

　　同广告牌和树类似，建筑和建筑间的留白也创造了交替的韵律，例如纽约著名的第五大道，如果我们能像杰克·芬妮的小说《三番五次》里写的那样回到过去，回到通用汽车大厦还没建造的时候，回到萨伏伊广场酒店还在大军队广场（Grand Army）对面的时候，我们就能清楚地看到第五大道上建筑间留白的序列，以及这些序列独一无二的韵律（图 340）。

　　当我们沿着第五大道向南走时，从大都会博物馆南边一点开始，路左边豪华公寓的高墙紧紧贴着道路，建筑的窗户尽力向外伸展，人们都希望站在窗前能够看到路右边的中央公园。再向前走，右前方的大军队广场很快就能映入眼帘，这个广场占据了一个街区的空间，告诉我们再向前走就是商店和办公楼了。

　　从广场再向南走 7 个街区，我们会经过第二个留白地段，它伫立在马路的左边，这实际上这里是小詹姆斯·伦维克设计的圣帕特里克大教堂（图 341）。教堂正门向前突出，紧贴街道，而它正对面的洛克菲勒中心国际大厦则退后人行道一段距离，从而缓和了教堂的压迫感（图 342）。再往南一个街区，我们会看到一条长长的林荫路，这条路一直通向洛克菲勒大厦的核心部分（图 343）。狭窄的路口让这条路看上去不像是留白，更像是街区中间一条优雅的入口通道。最后，从洛克菲勒中心再往南走 7 个街区就到了纽约公共图书馆，它是由卡雷尔和黑斯廷斯设计的。图书

图 343　上左：洛克菲勒中心，从第五大道观看溜冰场的景象

图 344　上：纽约市公共图书馆，卡瑞尔和黑斯廷斯设计，1891 ~ 1911 年间建造。图为从第五大道观看建筑的东南角

馆在道路西面，并占据了两个街区，从而形成了一个大的空白（图 344）。

坐落在第五大道上的这些大型项目——大军队广场，圣帕特里克教堂和公共图书馆——创造了右左右的三部曲序列。在这个序列之内一个更小的四部曲序列同时上演，它们分别是圣帕特里克教堂两边的小路，位于隐蔽处的国际大厦正门，洛克菲勒广场上开放的林荫路。这四个元素共同形成了左—右—左—右的二重交替韵律。人们在这里经常会左看看右看看，这种韵律也与人们的行为相呼应。虽然这些序列不是人们有意为之，但这些大的留白之间的距离几乎相等。大军队广场与圣帕特里克教堂相隔 7 个街区，教堂与图书馆相隔 8 个街区，圣帕特里克教堂和洛克菲勒中心周围空间的距离也是相等的。

第五大道的这一段也是纽约商业区的中心，但是它同样没有开始或结束的标志。路上所有值得停留的地方都在东西沿街分布，而不在任何一头。在这里，第五大道不是在我们前方就是在我们后方，这条路始于北边 3 英里外的哈勒姆河路，终点在南边 1.5 英里外的华盛顿广场公园。很少有人从第五大道的起点步行至终点，正如很少有人从 66 号公路的起点开到终点或者走完阿巴拉契山路。

同样，马萨葡萄园凡雅德海文镇主街和第五大道很相似，也没有起点和终点的标志，不过这条路比第五大道短很多。从安妮女王建筑风格（Queen Anne）和殖民复兴风格（Colonial Revival），走到都铎风格（Tudor），现代鳕鱼角式建筑（Modern Cape Cod），再走到加州商业带（California Strip Commercial），我们便经过了三个街区，虽然这三个街区的建筑类型十分混杂，但是这里的商店和餐馆却有着强烈的整体性。这条街和岛上另外两个商业中心的特征完全不同。在埃德加镇（Edgartown）商业区，放眼望去，全是希腊复兴式建筑的白色隔板墙。在奥克布拉夫斯（Oak Bluffs）商业区，木构哥特式的风格随处可见。因此这两条街基本是由一种风格在主导。而温雅德黑文则是多种风格的折衷统一。然而正如威廉·斯迪伦写道，虽然主街"不如另外两个商业区有魅力……但是这些丑小鸭式的建筑有一种无法立刻显现的吸引力，从而赢得了人们的内心。"[10] 这种吸引力在一定程度上归功于街道留白的韵律（图 345）。

凡雅德海文的主街开始于一个三叉路口，道路起点的右边是一个小镇旅馆，这座建筑经过了多年的加建，不过依然没有什么特色（图 346）。然而这个 3 层高的旅馆在拐角显得十分合适。作为这条街上最高的建筑，旅馆像是一个端柱，隐约的暗示着道路的起点。在旅馆北边稍远处的路对面，若干个商店形成了一个"购物中心"（图 347）。这些建筑同样不起

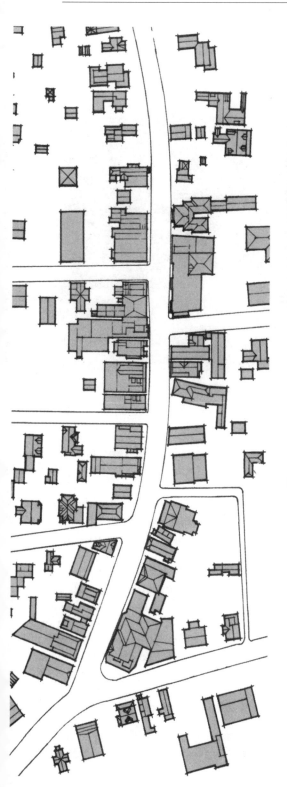

图 345　左：马萨诸塞州凡雅德海文镇主街平面。请注意有众多自由布局的建筑

图 346　顶部：主街端头的提斯布里小旅馆

图 347　上：主街左侧的"留白"

图 348 上：主街右侧的第一个"留白"

图 349 右：主街右侧的第二个"留白"

眼。分隔建筑与人行道的木栅栏甚至没有粉刷，并且非常高，后加的双层屋顶和包围建筑的大片玻璃墙让这个"购物中心"看上去更适合南加利福尼亚，而不是新英格兰。这些建筑紧贴人行道，而在建筑中间却有一个开放空间，从而成为人们聚集的绝佳场所。

从第一个留白开始，主街变成下坡路并向左转弯，这两个趋势几乎是同时进行的。一个有三处留白的序列出现在购物中心对面一侧的路上。这三处留白都在弧线外侧，聚集在道路最低点。这些留白从山上滑下去，就像念珠从绳子上滑下一样。第一处留白是一块铺了混凝土的空地，也是商店的前院，商店曾经是马厩（图 348）。中间的那处留白也是一块空地，空地上有一棵巨大的菩提树，这块空地是岛民销售烘焙产品的地方，也是分发请愿书的地方（图 349）。第三处留白在一个转角处，是一块凹进去的场地，这里有一个长凳，人们经常在这里等人（图 350）。*从这里开始街道走上坡路直到经过一个曾经有座门的地方为止，这座门由两处正对彼此的留白组成。这两处留白预示着一个小暂停，标志着商业区的结束和居住区的开始。左边的留白是一栋建筑的前院，留白两旁有两座

---

* 这三个留白都在弯道的外侧，与柯布西耶、西特等人认为的地理想区域相反。在弯道的内侧，商家都在尽力争取一块狭窄的空地和空地后边的开放空间。一系列季节性的商铺来来去去，每家商铺都想在弯道内侧打造自己的品牌，这种状态很难停下。

较大的独立式建筑，这三栋建筑共同围出了这个留白（图351）。右边的留白是两栋建筑间的豁口，站在这里可以直接看到港口（图352）；豁口的一边是一个小石堆，它的风格是加利福尼亚小屋和巴伐利亚打猎小屋的混合体。豁口的另一边是一栋有着白色隔板墙的房子。这个豁口两边风格的转变强化了这样一个信息——商业区结束了。

　　归结起来主街的模式是这样的：右边一个酒店，然后左边紧接着是一个留白，再然后右边有连续三个留白，最后再有两个留白结束这段路。这种模式可以看作是第五大道上相对更规则交替韵律的变体。主街的序列对于一条弯路来说是十分合适的，尤其是右边连续的三个留白。然而，由于这三处留白都在弯道的外侧，因此每一处留白都把我们拉向更远的地方。虽然主街是一条单行道，但是即便从反方向看，这种序列同样精彩。这条街道说明了美国许多小尺度的商业街也受到相似韵律的影响。

　　曼哈顿下城那段百老汇大街上有规则的留白和高楼大厦，让这条街独具一格。对于纽约人来说，百老汇大街有着巨大的象征意义，因为这里是英雄回家举行欢迎仪式的道路，游行队伍从美国海关大厦（见图324）开始，向北走半英里，到达市政厅结束。在我们追溯游行的道路之前，让我们及时回到过去，就像在第五大道上做的那样，把美国钢铁大厦和

图 350　顶部左：主街右侧的第三个"留白"

图 351　上左：主街左侧的空隙

图 352　上：主街右侧的空隙

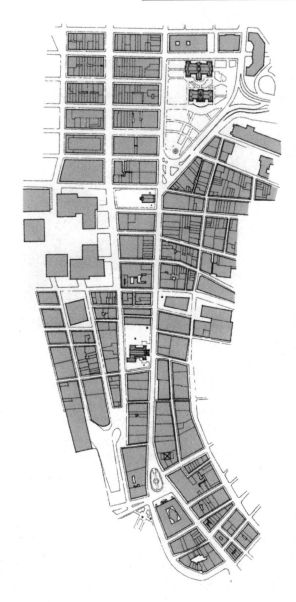

图353 上：百老汇地段从海关到市政厅的总平面图

图354 右：纽约市百老汇，由南往北瞭望，左侧的三一教堂被遮挡了一大半

它南边的公园删除，把那儿原有的建筑墙壁重新放回来，我们总算可以把海丰银行（Marine Midland）大厦放在街对面了（图 353）。

现在让我们开始在街道中游行，按顺序经过前面提到过的各个留白和重要建筑。我们从位于我们背面的海关大厦开始。没有摄像机会捕捉到我们离开海关大厦的那一刻，但是如果我们愿意，我们依然可以有个盛大的出场仪式。我们走下海关大厦门口的大台阶，台阶两侧分别有雕塑伫立，坐上早就等在那里的敞篷汽车（见图 324）。当汽车开动时，百老汇大街一号在我们的左前方，汽车缓慢的经过一个小上坡，街道的另一边坐落着曲线温和的标准石油大厦，这座大厦仿佛让街道都变得平缓了，经过这个弯道开始走下坡路，由此我们也进入了百老汇大街的黑暗峡谷（编者注：黑暗峡谷在此处指被间距很近的摩天大楼遮住阳光的地方）（图 326）。继续向北开去，我们经过了第一个留白，这个留白在我们左边，其中包含了三一教堂。教堂呈现出与明信片上不同的样子（图 354）。它静静地坐在一片长满芳草的墓地中间，正门向前突出，指引我们的视线穿过百老汇大街，并很快地掠过楔形开口的华尔街。

百老汇大街上人山人海，人们从街道两边的窗户中扔出彩带欢呼英雄，彩带穿过阳光，让百老汇大街显得更加狭窄了。接下来便到了海丰银行大厦的入口广场，它在街道的右边，也是第二个留白（见图 218）。广场上有一个大的红色立方体，这是广场的焦点，人们聚集在立方体周围，挥舞着旗帜。从这里街道上的留白再次关闭。再向前走几个街区，第三个留白出现在街道左边，它就是托马斯·麦克比恩设计的圣保罗教堂的庭院（图 355）。

图 355 百老汇北望，左侧为圣·保罗礼拜堂，由托马斯·麦克贝恩于 1766 年设计建造

从圣保罗教堂再往北走一个街区，回到街道右边，长长的楔形市政厅公园进入了我们的视野（市政厅公园和圣保罗教堂挨得非常近，以至于它们的过渡并不那么平滑，如果它们再多隔几个街区，或者原本位于公园南端的邮政大厦没被拆除，这两处留白之间的过渡会更加平滑）。

再向前走就是市政厅，走上市政厅的台阶，市长正在那里等着我们，我们走向市长并不是因为他是这条道路天然的终点，而是因为大街对面的障碍阻挡了我们继续前进。

这种左—右—左—右的韵律和第五大道或者凡雅德海文街的韵律十分相像，是由多个乐章组成的交响曲。没有哪一条大街的景观是单一的、宏伟的，我们的游行在这三条街的任何一条上也没有宏伟的终点。

与上述情况相反的是，国会大厦和白宫之间的宾夕法尼亚大道在路两端都有标志性建筑，虽然国会大厦与道路有一定角度，白宫也不正对这条轴线（艾尔伯特·皮特认为这是一个极大的遗憾），但是这些标志性建筑让宾夕法尼亚大街成为了在美国一个极其少见的例子，即这条道路不需要沿街的留白和重大项目赋予它意义。也就是说这条大街突出了两端而不是自身。从朗方最初规划这条街道到现在发生的事情证明了建筑和我们的文化也经常存在不一致性。

虽然宾夕法尼亚大街是美国的第一街道，但是这条斜向的街道和城市网格几乎没有任何融合，因此这条街很快就被开发得参差不齐。这里有建筑，那里又没了，过一会儿又有了。这条街道上的建筑奇形怪状，还有很多地块杂草丛生，这个状况在朗方规划的其他斜向道路上也十分普遍，但是宾夕法尼亚大道突出的地位促使参议院公园委员会在1901年制定更新计划时着重考虑了这一区域。该委员会建议将三权分立中余下的一个政府机构大楼建在白宫东边，宾夕法尼亚大道南边。虽然亨利·贝肯（后来设计这些建筑的人）给予这些建筑相似的体量和连续的风格，但是建筑高大的石墙没有为街道带来任何生机。单调乏味的立面使这条游行路线看起来更加死气沉沉。[11] 皮特称这条大街称是"陈旧且糟糕的宾夕法尼亚大道"。[12]

1962年，约翰·肯尼迪总统指派了一个咨询委员会制定进一步的改善方案，尤其是道路的北侧，那时那里仍然是停车场和不规则地块。这个第二版方案由内特尼尔·欧文斯（Nathaniel Owings）主持设计，斯基德莫尔（Skidmore）、奥因斯欧文斯和梅里尔（Merrill）是主要参与成员（SOM事务所三个创始人）。该方案于1964年向大众公布。方案提出了许多需要改变的地方并做了具体说明，以符合其"举行国家仪式的道路"的身份。[13] 这个方案最突出的部分是在道路北侧新建一批建筑，以平衡

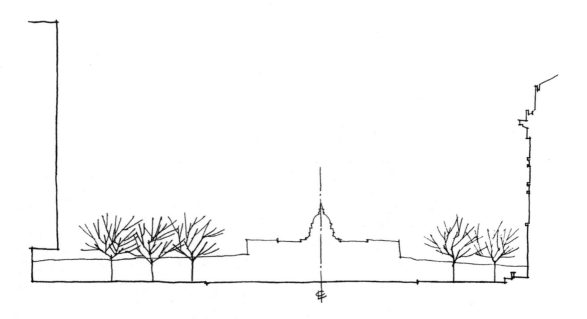

路南侧的建筑。这些新建的建筑将沿整条道路形成一道崭新的墙，不过与现存建筑相比，它们离街道更远。

图 356 介乎第 10 与 11 街之间的宾夕法尼亚大道剖面

用移动道路中心线代替拓宽道路，从而保持路两侧人行道宽度一致。然而这个委员会建议只拓宽北侧的人行道，南侧人行道保持不动。宾夕法尼亚大街两侧都有行道树，不过北侧种三排，南侧只种两排（图 356）。然而为什么在总统就职典礼时北边的群众享有三排树木而南边的群众只享有两排？委员会从没有对这种不对称此做出过解释。不管怎么说，这种不平衡是大麻烦即将到来的先兆。

在这个计划实施后不久，一个中空的联邦调查局新大楼成了第一个遵循新退线规则的建筑（图 357）。这之后的建筑也遵循了这一退线原则，包括三个街区之外与联邦调查局同样重要的加拿大大使馆。然而，虽然这些建筑的建筑自身特点没什么问题，但是它们与其他建筑的关系却很成问题。

在人们采纳这个计划的同时，美国兴起了历史建筑保护的风潮。街道北侧的几个本来要被拆除的建筑似乎格外需要保护，包括华盛顿酒店和威拉德酒店。[14] 人们决定保护这些旅馆，但却产生了一个无法解决的矛盾：这些旅馆压在了新的建筑退线上，比别的建筑距离街道近 30 英尺。最终，尽管不同的退线十分混乱，人们还是采纳了主张保护历史建筑一方的观点。在这一规划实施 30 年后的今天，宾夕法尼亚大道北侧显得比规划实施前更混乱了。讽刺的是，咨询委员会的初衷却是将这条街塑造成一个"统一的整体"。[15]

图 357　宾夕法尼亚大道，摄于 1972 年。西北方向（图中右上方）为白宫。大道南侧（图中左侧）为联邦政府办公建筑（外形呈不等边四边形）。大道北侧（图中右侧）中后部为联邦调查局

图 358　西广场（现名
自由广场）模型，模
型显示了广场有高压
线的铁塔。文丘里和
劳赫 1977 年设计

　　保罗·鲁道夫曾建议在宾夕法尼亚大街两侧放置大型建筑，从而形成左右交替韵律。建筑将形成大的左—右—左形式的凹空间，就像第五大道和百老汇大街上一样。然而，这个方案的规模十分巨大，一旦实施，建成后的街道本身将吸引人们的注意力，而不是街道两端的白宫和国会。因此这个方案甚至比顾问团提出的方案更具破坏性。[16]

　　10 年后的 1974 年，一个最初名为宾夕法尼亚大街规划的方案抹掉了白宫和国会之间象征性的连接。这个计划建议在宾夕法尼亚大街中部第十三街和十四街之间新建一个广场，其实早在朗方的方案中这里也有一个广场。朗方没有像后来的美国人那样让白宫和国会大厦之间畅通无阻，这一点应该被记住。为了向朗方最初的设计理念致敬（见图 274），新广场横跨宾夕法尼亚大街，把交通导向了一边（图 358）。这让就职游行的策划者有了两个选择：一是绕过广场继续前进，二是游行队伍到达广场结束，这将少走几个街区。

图 359 华盛顿特区美国国家金库。罗伯特·米尔斯和托马斯·U·沃尔特于1836～1839年设计建造。图为从宾夕法尼亚大道远望

不管是哪一种选择，都会削弱国会与总统之间直接的象征性联系。*

文丘里、洛奇和斯科特·布朗接受了设计新广场西侧部分的委托设计。他们在1979年提交了第一版方案，该方案十分激进，试图重建即将被打断的白宫与国会之间的联系。他们计划在广场上树立两个高大的塔楼，它们相互偏离以免看上去像一座大门或是无意识的留白。在宾夕法尼亚大街的任何一端向另一端看去，电缆塔都会形成一个景框，让我们的视线笔直地看向更远的地方。然而，这种象征性的意义是模糊的，因为广场本身标志着暂停而电缆塔却在邀请我们继续向前。由于电缆塔强化了本就模棱两可的状况，所以后来被取消了。[17]

如果我们真正理解了宾夕法尼亚大街象征性的功能，果我们意识到了这条街上建筑的唯一作用是形成一条游行道路帮助人们前行，那么咨询委员会最初的报告就会简单地选择让建筑保持一条直线，从而让每一个人都能关注游行队伍。如果后来人们提出的方案将参差不齐的地块填

---

* 为了给宾夕法尼亚大街在广场处暂停并分叉以象征性的理由，有人做出了一种超现实的解释，当总统在国会演讲时，他是第一个走进会场的人，随后是总统的警卫官，宾夕法尼亚大街处的分叉就是献给所有警卫官的，它们介于总统和国会议员之间到来。

人们也会忍不住去思考另一种超现实的可能性——在新总统的就职游行上，总统到达广场然后下车，步行到广场的另一端再上车。但是这个方案突出了一个固有的矛盾——宾夕法尼亚大街应该用来连接白宫和国会大厦，还是应该放置一些障碍割裂这种联系。

平并重新调整一些十字路口布局，情况将会好得多。而如今最好的方法就是补救——拆除广场并为凹进的建筑加盖新的立面。宾夕法尼亚大街上的所有建筑，就像那些观看总统就职仪式的人们一样，只有一个功能：列队站在道路两旁，欢呼迎接总统的到来。

当新总统从国会山去往白宫的过程中，也就是整个就职仪式的高潮，也暴露了本身固有的问题，尤其是在对终点认识本就存在矛盾的美国文化中。艾尔伯特·皮特担心一些评论家会放大刻意让大街不对准中心线的做法，因为罗伯特·米尔斯和托马斯·U·沃尔特设计的美国财政部大楼就被放错了位置。[18] 财政部大厦位于第十五街和东行政大道之间。这栋希腊复兴式风格大厦的南立面对面曾经是一个下沉广场，现在则被填平并放满了鲜花（图 359）。如果宾夕法尼亚大街沿直线前进，那么花坛和大厦的一部分都将面临被拆毁的命运（见图 273）。*

一个更好的解决方案是让宾夕法尼亚大道在财政部大厦的位置拐弯，让道路和大厦的立面平行。财政部大厦与纽约的格雷斯教堂和百老汇大街一号十分相似，当我们经过大厦时，我们会随着道路的转弯而扭头去看一些视线范围之外的东西（图 360）。在 14、15 街之间，宾夕法尼亚大街南侧有栋新建的大楼，它也在引导我们前往宾夕法尼亚大街和东行政大街的交叉口（东行政大街过去曾经禁止车辆通行，成了一条即不规则又很模糊的人行道，这样一来，当局就得重新允许车辆通行。）在这个路口，我们左转右转都是东行政大道。但是在就职典礼日上，总统会继续向前走，穿过一座中等尺度的大门到达白宫后花园。总统从后花园走到白宫正门，欢迎就职典礼的司仪。这个大门作为游行的终点非常合适，不过这不是因为大门标志着道路的结束而是因为这里是一个转折点（图 361）。穿过这座大门，总统就进入了自己的新家，也意味着美国迎来了一个新的开始。新总统知道他将会经过一道门，这道门就在那儿，但是总统直到到达宾夕法尼亚大街的转弯处才能看到它，因为这个拐角太小了，以至于在大街的远处无法看到它。这座大门和许多美式的终点一样，不在人们的眼中，而在人们心中。

因为多数美国人的目标都是通过奋斗最终实现的，在美国大多数的

---

* 由于委员会在选定财政部的建造地点这一问题上进行了冗长的考虑，人们普遍认为当时安德鲁·杰克逊（美国的第一位民粹主义总统）走到财政部大厦的东北角，把他的手杖指向了这里，并说"我希望在这里奠基"。（委员会本想保持宾夕法尼亚大街的景观开放无阻）由于美国人对于权力的象征物通常会怀有复杂的情绪，因此准确的了解老山胡桃（编者注：这里是指安德鲁·杰克逊）发表声明时在想些什么是一件十分有趣的事情。【华盛顿特区工程进度管理（Works Progress Administration）指南（1937 年以《华盛顿——城市与首都》的书名出版，政府印刷办公室出版；1983 年再版，纽约：万神庙图书出版社），248～149 页。】

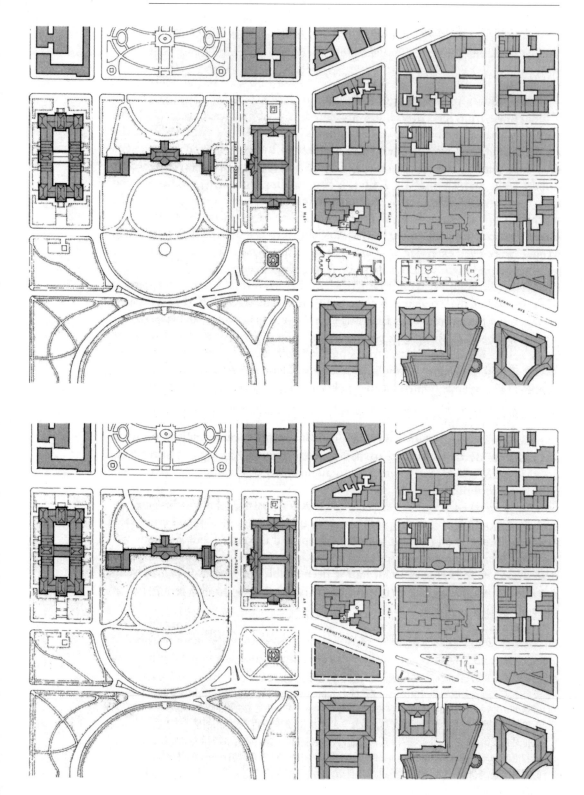

图 360　对页上：宾夕法尼亚大道的终点白宫的南立面；对页下：1996 年概念性的重建。如果大道重新设计，这两条由文丘里与劳赫设计的轴线将会重新布局，两条轴线所形成的街区西侧将会成为绝佳的建筑基地

图 361　上左：假想在宾夕法尼亚大道上加上白宫的入口大门

道路是畅通无阻的。开放的道路意味着无尽的旅途，同时也象征着无限的机会。在托马斯·杰斐逊设计的弗吉尼亚大学规划中，没有任何更恰当的符号比弗吉尼亚大学更能体现这一点（图 362）。宽阔的中央大道似乎在图书馆终结，意味着一条道路通向山上隐喻的城市。当我们向上走过草坪来到图书馆门前的台阶时，我们到达了一个终点。草地的两边是教授们的住宅，这些建筑彼此都有着细微的差别。这些房子之间的空间十分狭窄，从而让我们加快脚步，最终到达图书馆门口。

　　不过实际上这个大草坪通向的是图书馆后门。我们已经在建筑的后院里了，这个后院穿过一片大地。只有当我们意识到这一点，当我们回头走过眼前的这片草地进入黑暗的森林后，我们才能理解这个场景。随着我们穿过这片草坪，我们身后田园诗般的城市也慢慢离我们远去，在我们前方是一整片大陆和自由。在美国，自由通常借由开放的大道表现出来。只有当我们最终承认开放的道路在美国文化中的巨大能量，并且明白建筑只不过是道路两旁的又一个大型项目，我们才能设计出无数符合美国梦的建筑。

图 362　弗吉尼亚州夏洛茨维尔市弗吉尼亚大学，托马斯·杰斐逊于 1817 ~ 1825 年间设计建造。图为从大草坪望图书馆。（注：杰斐逊曾于 1801 ~ 1809 年间任美国第 3 任总统）

后记：

从这里开始，我们走向何方？

　　文艺复兴时期的建筑师通常不仅是建筑设计师，同时也是画家和雕塑家：他们创造性的天赋触及了一切，他们的设计包括舞台布景，也包括驻防城市的堡垒；他们是建筑界的大师。只因他们是文艺复兴时期的人，这一切才成为可能。即便那些明显的无意义的重复存在，现在没人能够驾驭如此宽领域的事物。虽然现在的设计师会设计挂毯、茶壶、家具，实际上很少有人有机会参与全景式的设计任务，虽然越来越多的人关心设计的衰退。那些确实想设计如此大规模场景的建筑师必须与规划师、景观建筑师、城市设计师、土木工程师和交通规划师合作。

　　即便如此，正如文森特·斯喀利写道，"没有任何建筑史可以只和单独的建筑打交道，或者是高屋建瓴，不接地气，使建筑存在于真空中。建筑和城市规划没有区别，现在，人们必须全方位考量，或者说是把它们当做一个整体来对待。"[1]

　　从斯喀利开始致力于拓宽历史视野后的 25 年中，建筑师的视野却持续在变窄，正如斯喀利的学术关注点以及他的存在感也在被逐渐削弱。[2]在一些业内顶尖的大学里，人们甚至被灌输这样的理念：将建筑看成是制作和排列房子及其形式，让人们在里面能够进行日常生活这一观念已经落伍了，这个想法已经并非严肃的艺术尝试。一些建筑师甚至呼吁要完全放弃相关性，而是提倡"回归纯粹的建筑，庄严是无用的。"[3]根据这一观点，建筑师的任务在别的领域——在诗歌领域或是抽象设计实践领域。

最近有一个建筑理论这样说道，"我不能建造，因为我是一个建筑师……当今施工建筑的人没人能够被称为建筑师。"[4]

上述这些感受的根源可以追溯到建筑师霍华德·洛克（Howard Roark）发表的声明。霍华德·洛克是安·兰德（Ayn Rand）写的《源泉》中的主角。霍华德承诺"不要害怕世界，不要在乎世界。"由于别人将他设计的建筑进行修改，霍华德将这座建筑炸毁。被起诉后，霍华德在法庭上辩护称："我们正在进入一个我不能允许自己生活在其中的世界。"[5]洛克知道建筑师很少能做出与公众产生共鸣的作品。关于这种源于19世纪的敏感性已经有很多作品。艺术家相信自己的角色应该是反传统者，在欧洲尤其是这样，有些艺术家蔑视资产阶级。[6]许多艺术家甚至在20世纪末还固守这种态度，在美国这种中产阶级占大多数的国家里也是如此，这种观念将持续发酵直到更多的建筑师以美国潜在的文化价值去设计其作品。

可以肯定的是，人们认为建筑师有能力掌握整个环境，但是这一观念带来了重要的制度问题和政治问题。美国人不允许权力掌握在一个人的手中或者一个选区的人手中。像奥斯曼或者希克斯图斯五世这样的掌握大权者在美国十分罕见。美国人还按功能将政府和专业机构划分成不同部门。在欧洲，人们认为美学鉴赏力更加重要，人们认为将训练和天赋结合起来完成一件作品是司空见惯的事情，但是在美国将这两方面协调起来更加困难。

例如，在美国，提供住房的机构与提供公共交通系统的部门是完全分离的，与环境保护部门也是完全分离的。举一个简单的例子：在一个商业用地带，公路工程师决定车道要多宽，隔多长需要一条汽车道。当地规划部门和区域规划部门决定什么类型的建筑可以建在公路两边，标志牌能够做多大——虽然这些在一定程度上也已经被交通工程师的规划决定了。如果一个项目非常大，环境部门还将决定需要哪些缓解措施。最后，建筑师终于可以设计建筑了，当然建筑师的设计内容还不包括工程师和承包商已经设计好的部分。如果非要如此的话，景观设计师还会设置隔离带和公共预留用地让人通行，城市设计师会放置长凳和垃圾箱。因此很少有设计师会通盘考虑整体的美观性——因为他们只有有限的责任和权力。因此将各种不同的部分拼在一起就成了一个又大又复杂的任务。然而，我们却只能眼睁睁的看着整体环境继续被人们忽视。

如果我们在建筑学教育里拓宽学习的内容和范围，让更多的项目加入以形成新的学习过程——让学生重新学习土木工程绘图，景观建筑学，历史建筑保护，交通规划和房地产开发，我们就能够将这些不同的视角重新整合在一起。

　　然而，寻找共同点必须是发散性的，从那些具有美学细胞的人身上发散出来。虽然卡米罗·西特希望"要是道路交通专家让艺术家同事们偶尔挖苦一下自己那该多好……他们就能够和平共存。"[7]对共同点的寻找也一定来自于那些关心改善已建成环境质量的人，不过同时他们也一定要认同已建成环境的文化价值。

　　当然，寻找共性的领军建筑师也将拿自己的身份冒险。正如雷纳·巴纳姆很早以前说过，建筑师必须"再次扔掉所有的文化负担，包括那些标志着他是一名专业建筑师的职业外衣。"[8]建筑师必须认同，在这个文化中行进和场所一样也是强有力的符号，这种价值必须被表达出来。建筑师还须承认城市对于美国来讲可能永远也不会像对于欧洲那样闪烁着文化价值。美国人一直都会更倾向于居住在不那么熙熙攘攘的环境中。因此，建筑师需要努力理解并且包容美国人的这些价值偏好，而不是忽略它们。

　　建筑师必须再次明白虽然我们赞颂个人成就，但是我们也要对更大范围的社区有种义务感。对建筑师来说这意味着升华个人需求从而追求更好的艺术表达，升华交响乐中创造一个难忘的乐章的需求，从而让音乐成为一个更好的整体。如果更多的建筑师以此为自己的使命，那么他们将会再次完整的参与塑造已建成的环境和修复已被毁坏的整体的任务。

注释

前言

1. Fernand Braudel, *The Mediterranean and the Mediterranean World in the Age of Philip II,* 2 vols, trans. Sian Reynolds (New York: Harper & Row, 1972–1973).
2. Camillo Sitte, *City Planning According to Artistic Principles,* trans. George R. Collins and Christiane Craseman Collins, Columbia University Studies in Architecture and Archeology, no. 3 (London: Phaidon Press, 1965). Equally important to the understanding of Sitte's work is the companion volume: George R.Collins and Christiane Craseman Collins, *Camillo Sitte and the Birth of Modern City Planning,* Columbia University Studies in Art History and Archeology, no. 2 (London: Phaidon Press, 1965).
3. Collins and Collins, *Camillo Sitte,* 92.
4. Frances Trollope, *Domestic Manners of the Americans,* ed. Donald Smalley (London, 1832; reprint, New York: Knopf, 1949), cited in John Reps, *The Making of Urban America: A History of City Planning in the United States* (Princeton: Princeton University Press, 1965), 355.
5. Collins and Collins. *Camillo Sitte,* 34–44.
6. H. Allen Brooks, "Jeanneret and Sitte: Le Corbusier's Earliest Ideas on City Planning," in Helen Searing, ed., *In Search of Modern Architecture: A Tribute to Henry-Russell Hitchcock* (Cambridge: M.I.T. Press, 1982), 278–297.
7. Siegfried Giedion, *Space, Time and Architecture,* 5th ed. (Cambridge: Harvard University Press, 1967), 780.
8. Thomas Sharp, *The Anatomy of the Village* (Harmondsworth, Middlesex, England: Penguin Books, 1946).
9. Joan Didion, *The White Album* (New York: Simon & Schuster, 1974), 126–127.
10. Sybil Moholy-Nagy, *Matrix of Man* (New York: Praeger, 1968), 81.

第 1 章　美国梦铸就美国形制

1. Jefferson referred to Palladio's famous treatise, *Quattro Libre,* simply as "the Bible." Susan R. Stein, *The Worlds of Thomas Jefferson at Monticello* (New York: Abrams, 1993), 13.
2. Virginia McAlester and Lee McAlester, *A Field Guide to American Houses* (New York: Knopf, 1989).
3. Charles W. Moore, "You Have to Pay for the Public Life," *Perspecta 9–10: Yale Architectural Journal* (1965): 60.

4. Geoffrey Scott, *The Architecture of Humanism: A Study in the History of Taste* (New York: Norton, 1974), 19.

5. Vincent Scully, introduction to *Complexity and Contradiction in Architecture,* by Robert Venturi (New York: Museum of Modern Art, 1966), 14.

6. John Brinckerhoff Jackson, *Discovering the Vernacular Landscape* (New Haven: Yale University Press, 1984), 30.

7. Daniel J. Boorstin, *The Image: A Guide to Pseudo-Events in America* (1961; reprint, 25th Anniversary ed., New York: Atheneum, 1987), 188, 190.

8. Henry James, *The American Scene* (London: Chapman and Hall, 1907; reprint, Bloomington: Indiana University Press, 1968), 139–140.

9. Vincent Scully, *American Architecture and Urbanism* (New York: Praeger, 1969), 146.

10. Charles Jencks, *The Language of Post-Modern Architecture* (New York: Rizzoli, 1977), 39.

11. Elbert Peets, *On the Art of Designing Cities: The Selected Essays of Elbert Peets,* ed. Paul D. Spreiregen (Cambridge: M.I.T. Press, 1968), 223.

12. Werner Hegemann and Elbert Peets, *The American Vitruvius: An Architects' Handbook of Civic Art* (1922; reprint, New York: Benjamin Blom, 1972), 1.

13. Ibid., 1.

14. Christian Norberg-Schulz, *New World Architecture* (New York: Architectural League of New York, and Princeton Architectural Press, 1988), 8.

15. Jackson, *Vernacular Landscape,* 67.

16. Frances Halsband, introduction to Norberg-Schulz, *New World Architecture,* 5.

17. Jackson, *Vernacular Landscape,* 35.

18. Ibid., 67.

19. Transcribed by Kate B. Carter, *The Mormon Village,* Daughters of Utah Pioneers, Lesson for November 1954, cited in Reps, *Urban America,* 468.

20. Author unknown, "Architecture in the United States," *American Journal of Science and Arts* (New Haven): 103, quoted in Reps, *Urban America,* 290.

21. Reps, *Urban America,* 240–262.

22. Undated communication by L'Enfant entitled "Note relative to the ground lying on the eastern branch of the river Potomac and being intended to parallel the several positions proposed within the limits between the branch and Georgetown for the seat of the Federal City," Kite, *L'Enfant,* 47–48, quoted in Reps, *Urban America,* 248.

23. Hegemann and Peets, *Vitruvius,* 287.

24. Paul Zucker, *Town and Square: From the Agora to the Village Green* (New York: Columbia University Press, 1959; reprint, Cambridge: M.I.T. Press, 1970), 253.

25. Governor Hull's report, December 23, 1808, Michigan Pioneer and Historical Society, *Historical Collections,* Lansing, 1888, XII, 468, quoted in Reps, *Urban America,* 271.

26. Reps, *Urban America,* 488.

27. See the discussion of the history of the American suburb in Robert A. M. Stern and John Massengale, eds., *The Anglo-American Suburb* (London: Architectural Design; New York: St. Martin's Press, 1981).

28. Sitte, *City Planning,* 126, 120.

29. Lewis Mumford, *The City in History* (New York: Harcourt, Brace & World, 1961), 424.

30. Reps, *Urban America,* 314.

31. William A. Bell, *New Tracks in North America* (London:1869), I, 17–18, quoted in Reps, *Urban America,* 397.

32. Sitte, *City Planning,* 66; Charles Dickens, preface to *Pictures from Italy and*

American Notes (1885), quoted in Mireille T. Ayoub, "European Travelers," *Architectural Forum* (September 1973), 63.

33. Quoted in Reps, *Urban America,* 410.
34. Scully, *American Architecture,* 245.
35. John Summerson, *Georgian London* (London: Barrie & Jenkins, 1962), 65–83.
36. Jackson, *Vernacular Landscape,* 30.
37. Three excellent sources for the study of American multifamily housing are Robert A. M. Stern, "With Rhetoric: The New York Apartment House," *VIA* 4 (Philadelphia: Journal of the Graduate School of Fine Arts, University of Pennsylvania, 1980), 78–111; Gwendolyn Wright, *Building the American Dream* (Cambridge: M.I.T. Press, 1981); and Richard Plunz, *A History of Housing in New York City: Dwelling Type and Social Change in the American Metropolis* (New York: Columbia University Press, 1990).
38. Edward T. Hall, *The Hidden Dimension* (Garden City, N.Y.: Doubleday, Anchor Books, 1969), 144–48.
39. Howard Newby, *Country Life: A Social History of Rural England* (Totowa, N.J.: Barnes & Noble Books, 1987), 58–60.
40. Mumford, *City in History,* 503.
41. Christian Norberg-Schulz, *Existence, Space and Architecture* (New York: Praeger, 1971), 35.
42. Frederick Jackson Turner, *The Frontier in American History* (1920; reprint, Tucson: University of Arizona Press, 1986), 37.
43. Noel Grove, "Greenways," *Land and People* 6 (Fall 1994): 2–8.
44. Robert Lindsey, "Higher Gas Prices Put Crimp in California 'Cruising,'" *New York Times,* August 23, 1980.
45. James, *American Scene,* 8.
46. Sara Rimer, "Cruising Takes on New Image," *New York Times,* August 16, 1994.

第2章   前门，后门

1. Nathaniel Hawthorne, *The Blithdale Romance* (1852; reprint, New York: Meridian Classic edition, 1981), 119.
2. Quoted in Joel Garreau, *Edge City: Life on the New Frontier* (New York: Doubleday, 1991; reprint, New York: Anchor Books, 1992), 234.
3. Boorstin, *Image,* 259.
4. Wright, *American Dream,* 15.
5. James Cannon, former area director, Bureau of Indian Affairs, telephone interviews by author, 1995.
6. Summerson, *Georgian London,* 65–66.
7. Mumford, *City in History,* 399. Richard Westmacott, *African-American Gardens in the Rural South* (Knoxville: University of Tennessee Press, 1992), 34, 127–75, demonstrates a similar tendency among rural African-Americans to treat the back yard more as a utility than as a private preserve. Decorations, plantings, picnic benches, and outdoor seating are usually in front of the house. The smokehouse, privy, and storage sheds are usually in back.
8. Kent C. Bloomer and Charles W. Moore, *Body, Memory, and Architecture* (New Haven: Yale University Press, 1977), 120–121.
9. Robert Venturi, Denise Scott Brown, and Steven Izenour, *Learning from Las Vegas* (Cambridge: M.I.T. Press, 1972), 116–119.
10. Robert A. M. Stern, *Pride of Place* (Boston: Houghton Mifflin; New York: American Heritage, 1986), 11–12.
11. As recently as 1993, Houstonians defeated a proposal to institute citywide zoning.

For a discussion of the consequences of this vote see Bruce C. Webb and William F. Stern, "Houston Style Planning: No Zoning but Many Zones," *Cité: Architecture and Design Review of Houston* 32 (Fall 1994–Winter 1995): 14–15.

12. Christopher Tunnard and Henry Hope Reed, *American Skyline* (New York: Houghton Mifflin, 1953; reprint, New York: Mentor Books, 1956), 44.

13. Scully, *American Architecture,* 110.

14. Gwendolyn Brooks, *Blacks* (Chicago: Third World Press, 1991).

15. Garreau, *Edge City,* 206.

16. Sitte, *City Planning,* 182.

17. Mr. and Mrs. Troup Mathews, homeowners, interviews by author, 1994.

18. Venturi, *Complexity,* 88.

19. Clarence S. Stein, "Toward New Towns for America," *Town Planning Review* 20 (October 1949): 233–234.

20. Ibid., 245.

21. Robert A. M. Stern, *Pride of Place* (Boston: Houghton Mifflin; New York: American Heritage, 1986), 146.

22. Lewis Mumford, *From the Ground Up* (New York: Harcourt Brace, 1956), 5, quoted in Stern and Massengale, *Anglo-American Suburb,* 48.

23. Voorhees, Walker, Smith and Haines, "Explanation of Commercial Bulk Regulations," *Zoning New York City; A Proposal for a Zoning Resolution for the City of New York,* submitted to the City Planning Commission August 1958, 128.

24. Jeff Wilkinson, "The Story of Porches," *Old-House Journal* 18 (July–August 1990): 30–37.

第 3 章　从住宅到街道

1. Jane Jacobs, *The Death and Life of Great American Cities* (New York: Random House, 1961), 182–186.

2. Ibid., 184.

3. Giedion, *Space, Time,* 849.

4. William H. Jordy, *The Impact of European Modernism in the Mid-Twentieth Century,* vol. 5 of *American Buildings and Their Architects* (New York: Oxford University Press, 1972), 22.

5. Steven Izenour and David Dashiell III, "Relearning from Las Vegas," *Architecture* 79 (October 1990): 46–51.

6. Robert Venturi and Denise Scott Brown, "The Significance of A&P Parking Lots or Learning from Las Vegas," *Architectural Forum* 128 (March 1968): 41.

7. Hunter Thompson, *Fear and Loathing in Las Vegas: A Savage Journey to the Heart of the American Dream* (New York: Random House, 1976).

8. Ironically, it is the traffic engineer's craft which today offers more promise of creating slow-street neighborhoods. Architects and planners, when faced with the task of slowing or restricting traffic, are more likely to suggest physical changes like speed bumps and street closings. Sitte, for example, in his diagrams for a modern city arranged whole neighborhoods to create turbine-shaped plazas that would impede vehicular through movement. Traffic engineers, on the other hand, think in terms of "friction," which increases travel time on a given route, making it more likely that a motorist will pick an alternative. Two-way streets, narrow travel lanes, small turning radii at intersections, on-street parking, traffic lights, and stop signs increase friction and thereby slow speeds. Most slow-street neighborhoods have some or all of these features.

9. The most famous auto-free street in America would likely have been the proposed closing of much of Madison Avenue in New York City. Put forward by Mayor John

Lindsay in 1973, the plan was scrapped in the face of vigorous opposition by affected merchants. Without alleys the merchants would have had to take off-peak deliveries, and their customers, many of whom might normally have arrived by taxi, would have had to walk. For a defense of this proposal see Jaquelin Robertson, "Rediscovering the Street," *Architectural Forum* 140 (November 1973): 24–31. See also Spiro Kostof, *The City Assembled: The Elements of Urban Form through History* (Boston: Little, Brown, Bullfinch Press, 1992), 240; and "Buffalo Rethinks Street Traffic Ban," *New York Times*, February 22, 1994.

10. Elaine Pofeldt, "River Access No Open-and-Shut Case at Condos," *Jersey Journal,* June 2, 1994; Keith Sharon, "A Troubled Path," *Jersey Journal,* July 15, 1991; Zachary Gaulkin, "Edgewater Condo Fences Off Public Walkway along the River," *Jersey Journal,* July 5, 1991; Anthony DePalma, "About New Jersey," *New York Times,* June 23, 1991.

11. Kevin Lynch, *The Image of the City* (1960; reprint, Cambridge, Mass.: M.I.T. Press, 1964), 66.

12. Craig Whitaker, *A Plan for the Hoboken Waterfront* (Hoboken, N.J.: Coalition for a Better Waterfront, 1993).

13. Craig Whitaker, "Rouse-ing Up the Waterfront," *Architectural Record* 174 (April 1986): 66–71.

14. F. Scott Fitzgerald, *The Great Gatsby* (New York: Scribner's, 1925), 42.

15. Scully, *American Architecture,* 111.

16. Moore, "You Have to Pay for the Public Life,": 57–97.

17. Randy Bright, *Disneyland: The Inside Story* (Tokyo: Times Mirror Books, 1987), 29, cited in Janet Jenkins, *Disneyland: Illusion, Design, and Magic,* unpublished paper, New York University, Graduate School of Public Administration, 1993, 1.

18. Peter M. Wolf, *Eugène Hénard and the Beginning of Urbanism in Paris 1900–1914* (The Hague: Ando, 1968), 19–20.

19. So persuasive was the allure of ridding cities of cars that Jane Jacobs gave serious consideration to Gruen's proposals, although she was also starting to think through the consequences of all-pedestrian streets: Jacobs, *Death and Life,* 344.

20. Cartoon, Joseph L. Parish Jr., *Chicago Tribune,* 1946. Copyrighted © Chicago Tribune company. All rights reserved. Used with permission.

21. Andres Duany and Elizabeth Plater-Zyberk, "The Second Coming of the American Small Town," *Wilson Quarterly* 16 (Winter 1992): 19–32.

22. Esther B. Fein, "Caring at Home, and Burning Out," *New York Times,* December 19, 1994; Dolores Hayden, "Awakening from the American Dream: Why the Suburban Single-Family House Is Outdated," *Utne Reader* (May–June 1989): 64–67; Felicity Barringer, "Word for Word: The Adventures of Ozzie and Harriet, Dialogue That Lingers: 'Hi, Mom.' 'Hi, Pop.' 'Hi, David.' 'Hi, Rick,'" *New York Times,* October 9, 1994.

23. Pamela G. Kripke, "Oh, the Differences When Two People Work at Home," *New York Times,* December 31, 1992.

第 4 章　排列成行

1. Samuel Hazard, "Instructions given by me, William Penn . . . to . . . my Commissioners for the settling of the . . . Colony," *Annals of Pennsylvania* (Philadelphia, 1850), 527–553, cited in Reps, *Urban America,* 160.

2. James, *American Scene,* 42.

3. Charles Moore, Gerald Allen, and Donlyn Lyndon, *The Place of Houses,* (New York: Holt, Rinehart & Winston, 1974), 11–14.

4. Garreau, *Edge City,* 470.

5. William Hening, *The Statutes at Large . . . of Virginia,* III, Chapter XLIII of the Laws of 1705, An Act Continuing the Act directing the Building of the Capitol and the City of Williamsburg (New York, 1823), 419–432, cited in Reps, *Urban America,* 110.

6. See Ada Louise Huxtable, "Inventing American Reality," *New York Review of Books,* December 3, 1992, 24–29.

7. Peets, *Designing Cities,* 161.

8. Wright's desire to be different as well as to fit within the context of Fifth Avenue was part of his larger ambivalence toward New York City. See Herbert Muschamp, *Man About Town: Frank Lloyd Wright in New York City* (Cambridge: M.I.T. Press, 1983).

9. Michael Pollan, "Grass Gardens," *Sanctuary,* Massachusetts Audubon Society, May–June 1995, 9.

10. Saul Padover, "Proceedings to be had under the Residence Act," November 29, 1790, *Thomas Jefferson and the National Capital* (Washington, 1946), 31, quoted in Reps, *Urban America,* 245–246.

11. Herbert Gans, *The Levittowners: Ways of Life and Politics in a New Suburban Community* (New York: Columbia University Press, 1967).

12. See Robert Venturi's discussion of the opposite problem, an "easy unity," in *Complexity,* 89.

13. Evelyn Nieves, "Wanted in Levittown: Just One Little Box with Ticky Tacky Intact," *New York Times,* November 3, 1995.

14. Venturi, *Complexity,* 76.

15. James, *American Scene,* 294, 409.

16. Kostof, *City Assembled,* 172.

17. Sitte, *City Planning* 105–106.

18. Venturi, *Complexity,* 133.

19. Moore, "You Have to Pay for the Public Life," 63.

20. Vincent Scully first used "hole in the wall" with reference to the Seagram Building in "The Death of the Street," *Perspecta 8: Yale Architectural Journal* (1963): 91–96.

21. Reyner Banham, *Age of the Masters: A Personal View of Modern Architecture* (New York: Harper & Row, 1962), 114–115.

22. For a discussion of the Seagram Building after its context had changed, see Kurt W. Forster, "Crown of the City: The Seagram Building Reconsidered," *Skyline,* February 1982, 28–29.

23. Venturi et al., *Las Vegas,* 1.

24. Scully, *American Architecture,* 160.

25. Witold Rybczinski, *City Life: Urban Expectations in a New World* (New York: Scribner, 1995), 89–93.

26. James, *American Scene,* 315.

27. Rybczinski has a similar reaction to a recessed hotel on a commercial street in Woodstock. *City Life,* 89–90.

28. Remarks by Philip Johnson at "New York 1960," symposium sponsored by the Architectural League of New York (February 2, 1995).

29. Moore, Allen, and Lyndon, *Place of Houses,* 10–11.

30. Ibid., 16–17.

31. Henry Hope Reed, *The Golden City* (New York: Doubleday, 1959; reprint, New York: Norton, 1971), 93.

32. For a more detailed discussion of the Yale campus see Stern, *Pride of Place,* 48–58.

33. James, *American Scene,* 93.

第 5 章　大门和无意识停顿

1. Venturi, *Complexity,* 29.
2. Ibid., 90.
3. William J. Miller, former director Delaware River and Bay Authority, telephone interview by author, October 30, 1993. See *Crossing the Delaware: The Story of the Delaware Memorial Bridge, the Longest Twin-Suspension Bridge in the World* (Wilmington: Gauge Corporation, 1990), 61.
4. Frank Lloyd Wright, *The Future of Architecture* (New York: Horizon Press, 1958; reprint, Mentor Books, 1963), 29–32.
5. Lewis Mumford, *The Highway and the City* (New York: Harcourt Brace, 1953; reprint, Mentor Books, 1964), 224–227.
6. Stuart E. Cohen, introduction to *Late Entries to the Chicago Tribune Tower Competition* (New York: Rizzoli, 1980), 9.
7. Zucker, *Town and Square,* 164.
8. Reps, *Urban America,* 111.
9. Paul Goldberger, *The City Observed: New York* (New York: Random House, First Vintage Books, 1979), 230.
10. Scully, *American Architecture,* 203.

第 6 章　在十字路口处

1. Reps, *Urban America,* 124.
2. *Mourt's Relation: A Journal of the Pilgrims at Plymouth* (London, 1622; reprint, Cambridge, Mass.: Applewood Books, 1986), 42–44.
3. The pattern at Plymouth was first evidenced in settlements begun by the British in the decade previous in Londonderry, Northern Ireland. These settlements also featured a main street with buildings grouped on both sides. Unlike Londonderry, where some buildings were freestanding and others shared party walls, all buildings at Plymouth were freestanding on their own lots: James Baker, chief historian, Plimoth Plantation, telephone interview by the author, July 6, 1994.
4. Edward T. Hall, *The Silent Language* (Greenwich, Conn.: Fawcett, 1959), 153.
5. Boorstin, *Image,* 50.
6. Hegemann and Peets, *American Vitruvius,* 289–290.
7. Peets, *Designing Cities,* 90.
8. Deborah Howard, *The Architectural History of Venice* (New York: Holmes & Meier, 1981), 181.
9. Peets, *Designing Cities,* 51.
10. Ibid., 130.
11. Hegemann and Peets, *American Vitruvius,* 232.
12. Rotaries are relics of the early days of the automobile. Having long since been proven to cause traffic accidents, they are slowly disappearing.
13. Thomas S. Hines, *Burnham of Chicago: Architect and Planner* (New York: Oxford University Press, 1974), 147.
14. Scully, *American Architecture,* 59.
15. Herbert Muschamp, "Art and Science Politely Disagree," *New York Times,* November 16, 1992. See also Michael J. Crosbie, "Dissecting the Salk," *Progressive Architecture* (October 1993), 41–50.
16. Peets, *Designing Cities,* 131.
17. Christian Norberg-Schulz, *Existence, Space and Architecture* (New York: Praeger, 1971), 53.
18. Richard S. Simons, "White Elephant on the Circle," *Indianapolis Star Magazine,* December 21, 1952. See also Edward A. Leary, "Early Governors Shuddered upon

Seeing Mansion," *Indianapolis Star,* September 26, 1971.

19. Lynch, *Image of the City,* 114.
20. Zucker, *Town and Square,* 158.
21. Beverly O'Neill, past president, Patrick Thomas Properties, Houston, Texas. Interview by author, March 12, 1993.
22. Louis Kahn, "Order in Architecture," *Perspecta 4: Yale Architectural Journal* (1957): 61.

第 7 章　在拐弯处

1. Peets, *Designing Cities,* 68.
2. Moholy-Nagy, *Matrix of Man,* 146.
3. Peets, *Designing Cities,* 42–43.
4. Reps, *Urban America,* 103–108.
5. Carl R. Lounsbury, "The Beaux-Arts Ideals and Colonial Reality: The Reconstruction of Williamsburg's Capitol, 1928–1934," *Journal of the Society of Architectural Historians* 49 (December 1990): 373–389.
6. Peets gives a fascinating account of why an oblique view of the statue is preferable: "It was only after coming into the statue hall that I felt the great size of the room and of the Lincoln. But still I could not easily read the statue or feel the disposition of masses. . . . The principal source of light was [in] back of me. I thus lost all but the fringes of shadow. . . . The remedy plainly was to find a sidewise view of the statue." *Designing Cities,* 102.
7. Hall, *Hidden Dimension,* 108–110
8. Lynch, *Image of the City,* 114–115; Donald Appleyard, Kevin Lynch, and John R. Myer, *The View from the Road* (Cambridge, Mass.: M.I.T. Press, 1964), 5.
9. Venturi, *Complexity,* 37–38.
10. Bloomer and Moore, *Body, Memory,* 104.
11. Sitte, *City Planning,* 87.
12. Anthony Bailey, "Manhattan's Other Island," *New York Times Magazine,* December 1, 1974.
13. Christopher Tunnard and Boris Pushkarev, *Man-Made America: Chaos or Control?* (New Haven: Yale University Press, 1963), 265. See also the discussion of the aesthetics of roadway design, 159–274.
14. One of the few other books to deal with this subject is by Donald Appleyard, Kevin Lynch, and John R. Myer, *The View from the Road,* which chronicles the sequence of visual experiences on several highways in and around the Boston area. In so doing the tract demonstrates that neither planner, architect, nor highway engineer has the power to shape the aesthetics of these roadways in their entirety.
15. Sitte, *City Planning,* 64–65.
16. Brooks, "Jeanneret and Sitte," 264.
17. Tunnard and Reed, *American Skyline,* 156.
18. The building was once one of the largest on the New York skyline. See Christopher Gray, "A 1922 Facade That Hides Another From the 1880's," *New York Times,* March 26, 1995.

第 8 章　无尽的队列

1. Lynch, *Image of the City,* 99, 107.
2. Whitaker, "The Waterfront," 66–71.
3. Lynch, *Image of the City,* 99.
4. Charles Goodrum and Helen Dalrymple, *Advertising in America, the First 200 Years* (New York: Harry N. Abrams, 1990), 217. Also see Frank Rowsome, *The Verse by*

the Side of the Road: The Story of the Burma-Shave Signs and Jingles (Brattleboro, Vt.: Stephen Greene Press, 1965).

5. Mumford, *City in History,* 368.
6. James, *American Scene,* 38–39; Scully, *American Architecture,* 32.
7. Venturi, et al., *Las Vegas,* 4.
8. Venturi, *Complexity,* 59.
9. Ibid., 64–70.
10. William Styron, "In Praise of Vineyard Haven," in *On the Vineyard* (New York: Anchor Books, 1980), 38.
11. Benjamin Forgey, "Along the Avenue Made for a Parade," *Washington Post,* January 16, 1993.
12. Peets, *Designing Cities,* 71.
13. *Pennsylvania Avenue,* Report of the President's Council on Pennsylvania Avenue (Washington, D.C., 1964), 18.
14. Pennsylvania Avenue Development Corporation, *Historic Preservation Plan* (Washington, D.C., 1977), 10.
15. *Pennsylvania Avenue,* 19.
16. Rudolph, "View of Washington," 64.
17. For another view, see Paul Goldberger, "Washington Is Planning an Open Plaza to Ease Pennsylvania Avenue Clutter," *New York Times,* July 9, 1978.
18. Peets, *Designing Cities,* 18.

后记: 从这里开始, 我们走向何方?

1. Scully, *Architecture and Urbanism,* 7.
2. See Ada Louise Huxtable, "Is Modern Architecture Dead?" *New York Review of Books,* July 16, 1981.
3. Manfredo Tafuri, *Architecture and Utopia: Design and Capitalist Development* (Cambridge: M.I.T. Press, 1976), ix.
4. Christian Norberg-Schulz, "Towards an Authentic Architecture," *The Presence of the Past: First International Exhibition of Architecture* (Venice: Edizioni La Biennale di Venezia, 1980), 21, quoted in Robert A. M. Stern with Raymond W. Gastil, *Modern Classicism* (New York: Rizzoli, 1988), 256.
5. Ayn Rand, screenplay, *The Fountainhead,* Warner Bros., 1949, based on the novel by Ayn Rand (Chicago: Sears Readers Club, 1943).
6. Andrew Saint put forward an excellent history of the architect's own self-image in *The Image of the Architect* (New Haven: Yale University Press, 1983).
7. Sitte, *City Planning,* 92.
8. Banham, *First Machine Age,* 329–330.

参考文献

Adams, Thomas, Harold M. Lewis, and Lawrence M. Orton. *The Building of the City.* New York: Regional Plan of New York and Its Environs, 1931.

Appleyard, Donald, Kevin Lynch, and John R. Meyer. *The View from the Road.* Cambridge: M.I.T. Press, for the Joint Center for Urban Studies, 1964.

Architecture Columbus. Columbus, Ohio: Columbus Chapter, American Institute of Architects, 1976.

The Architecture of Paul Rudolph. New York: Praeger, 1970.

The Architecture of Sir Edwin Lutyens. 3 vols. London: Country Life, 1950. Reprint, Antique Collectors' Club, 1984.

Argan, Giulio C. *The Renaissance City.* New York: George Braziller, 1969.

Ayoub, Mireille T. "European Travelers." *Architectural Forum* 139 (September 1973): 60–65.

Bacon, Edmund N. *Design of Cities.* Rev. ed. New York: Viking Press, 1974. Reprint, Penguin Books, 1976.

Banham, Reyner. *Theory and Design in the First Machine Age.* New York: Praeger, 1960.
———. *Age of the Masters: A Personal View of Modern Architecture.* New York: Harper & Row, 1962.

Barnett, Jonathan. *The Elusive City: Five Centuries of Design, Ambition and Miscalculation.* New York: Harper & Row, 1986.

Barzun, Jacques. *The Use and Abuse of Art.* Bollingen Series 35.22. Princeton: Princeton University Press, 1974.

Benevolo, Leonardo. *The History of the City.* Trans. Geoffrey Culverwell. Cambridge: M.I.T. Press, 1980.

Blake, Peter. *Form Follows Fiasco.* Boston: Little, Brown, Atlantic Monthly Press, 1977.

Blaser, Werner, ed. *Drawings of Great Buildings.* Basel: Birkhauser Verlag, 1983.

Bloomer, Kent C., and Charles W. Moore. Contrib. Robert J. Yudell. *Body, Memory, and Architecture.* New Haven: Yale University Press, 1977.

Boorstin, Daniel J. *The Image: A Guide to Pseudo-Events in America,* 1961. Reprint, 25th Anniversary Ed., New York: Atheneum, 1987.

Braudel, Fernand. *The Mediterranean and the Mediterranean World in the Age of Philip II.* 2 vols. Trans. Sian Reynolds. New York: Harper & Row, 1972–1973.

Brooks, H. Allen. "Jeanneret and Sitte: Le Corbusier's Earliest Ideas on City Planning." In *In Search of Modern Architecture: A Tribute to Henry-Russell Hitchcock,* edited by Helen Searing, 278–97. Cambridge: M.I.T. Press, 1982.

Bunting, Bainbridge. *Houses of Boston's Back Bay: An Architectural History, 1840–1917*. Cambridge: Harvard University Press, Belknap Press, 1967.

Castagnoli, Ferdinando. *Orthogonal Town Planning in Antiquity*. Trans. Victor Caliandro. Cambridge: M.I.T. Press, 1971.

Choay, Françoise. *The Modern City: Planning in the Nineteenth Century*. New York: George Braziller, 1969.

Collins, George R., and Christiane Craseman Collins. *Camillo Sitte and the Birth of Modern City Planning*. Columbia University Studies in Art History and Archeology, no. 2. London: Phaidon Press, 1965.

Cook, John W., and Heinrich Klotz, eds. *Conversations with Architects*. New York: Praeger, 1973.

Crosbie, Michael J. "Dissecting the Salk." *Progressive Architecture* (October 1993): 41–50.

Crouch, Dora P., Daniel J. Garr, and Axel I. Mundigo. *Spanish City Planning in North America*. Cambridge: M.I.T. Press, 1982.

Dennis, Michael. *Court and Garden: From the French Hotel to the City of Modern Architecture*. Cambridge: M.I.T. Press, 1986.

Didion, Joan. *White Albums*. New York: Simon & Schuster, 1974.

Duany, Andres, and Elizabeth Plater-Zyberk. "The Second Coming of the American Small Town." *Wilson Quarterly* 16 (Winter 1992): 19–32ff.

Dunlap, David W. *On Broadway: A Journey Uptown over Time*. New York: Rizzoli, 1990.

Fabos, Julius Gy., Gordon T. Milde, and V. Michael Weinmayr. *Frederick Law Olmsted, Sr.: Founder of Landscape Architecture in America*. Amherst: University of Massachusetts Press, 1968.

Finney, Jack. *Time and Again*. New York: Simon & Schuster, 1970.

Fitzgerald, F. Scott. *The Great Gatsby*. New York: Scribner's, 1925.

Forster, Kurt W. "Crown of the City: The Seagram Building Reconsidered." *Skyline* (February 1982): 28–29.

Franchina, Jennifer, trans. and ed. *Roma Interrotta*. Rome: Incontri Internazionali D'Arte, 1979.

Gallery, John, ed. *Philadelphia Architecture*. Philadelphia: Foundation for Architecture, 1984.

Gans, Herbert. *The Levittowners: Ways of Life and Politics in a New Suburban Community*. New York: Pantheon Books, 1967.

Garreau, Joel. *Edge City: Life on the New Frontier*. New York: Doubleday, 1991; Anchor Books, 1992.

Giedion, Sigfried. *Space, Time and Architecture*. 5th ed. Cambridge: Harvard University Press, 1967.

Giurgola, Romaldo, and Jaimini Mehta. *Louis I. Kahn*. Zurich: Artemis, 1975.

Goldberger, Paul. "Form and Procession." *Architectural Forum* 138 (January–February 1973): 32–53.

———. *The City Observed: New York*. New York: Random House, First Vintage Books, 1979.

Goodrich, Lloyd. *Edward Hopper*. New York: Harry N. Abrams, 1976.

Goodrum, Charles, and Helen Dalrymple, *Advertising in America; the First 200 Years*. New York: Harry N. Abrams, 1990.

Grove, Noel. "Greenways." *Land and People 6, Trust for Public Lands* (Fall 1994): 2–8.

Guinness, Desmond, and Julius Trousdale Sadler Jr. *Mr. Jefferson, Architect*. New York: Viking Press, 1973.

Gutkind, Edwin Anton. *International History of City Development*. Vol. 2.: *Urban*

Development in the Alpine and Scandinavian Countries. New York: Free Press of Glencoe, 1964.

Hall, Edward T. *The Silent Language*. Greenwich, Conn.: Fawcett, 1959.

———. *The Hidden Dimension*. Garden City, N.Y.: Anchor Doubleday, 1969.

Hawthorne, Nathaniel. *The Blithedale Romance*. 1852. Reprint, New York: Meridian Classic, 1981.

Hayden, Dolores. "Awakening from the American Dream: Why the Suburban Single-Family House Is Outdated." *Utne Reader* (May–June 1989): 64–67.

———. *The Power of Place*. Cambridge: M.I.T. Press, 1995.

Hegemann, Werner, and Elbert Peets. *The American Vitruvius: An Architects' Handbook of Civic Art*. 1922. Reprint, New York: Benjamin Blom, 1972.

Hibbert, Christopher. *The English: A Social History, 1066–1945*. New York: Norton, 1987.

Hines, Thomas S. *Burnham of Chicago: Architect and Planner*. New York: Oxford University Press, 1974.

Historic Preservation Plan Washington, D.C.: Pennsylvania Avenue Development Corporation, 1977.

Hitchcock, Henry-Russell. *In the Nature of Materials: The Buildings of Frank Lloyd Wright, 1887–1941*. New York: Hawthorn Books, 1942. Reprint, Da Capo, 1975.

Holland, Laurence B., ed. *Who Designs America?* Garden City, N.Y.: Anchor Books, Doubleday, 1966.

Homer. *The Odyssey of Homer*. Trans. T. E. Shaw [T. E. Lawrence]. New York: Oxford University Press, 1932.

Howard, Deborah. *The Architectural History of Venice*. New York: Holmes & Meier, 1981.

Huxtable, Ada Louise. "Inventing American Reality." *New York Review of Books*, December 3, 1992, 24–29.

Ison, Walter. *The Georgian Buildings of Bath*. Bath, England: Kingsmead Press, 1980.

Izenour, Steven, and David Dashiell III. "Relearning from Las Vegas." *Architecture* 79 (October 1990): 46–51.

Jackson, John Brinckerhoff. *Landscapes: Selected Writings of J. B. Jackson*. Amherst: University of Massachusetts Press, 1970.

———. *Discovering the Vernacular Landscape*. New Haven: Yale University Press, 1984.

———. *A Sense of Place, A Sense of Time*. New Haven: Yale University Press, 1994.

Jacobs, Jane. *The Death and Life of Great American Cities*. New York: Random House, 1961.

James, Henry. *The American Scene*. London: Chapman and Hall, 1907. Reprint, Bloomington: Indiana University Press, 1968.

Jencks, Charles. *The Language of Post-Modern Architecture*. New York: Rizzoli, 1977.

Jenkins, Janet. *Disneyland, Illusion, Design, and Magic*. Unpublished paper. New York University, Graduate School of Public Administration, 1993.

Johnson, Nunnally. Screenplay. *The Grapes of Wrath*. 20th Century–Fox, 1940. Based on John Steinbeck. *The Grapes of Wrath*. New York: Viking Press, 1940.

Jordy, William H. *The Impact of European Modernism in the Mid-Twentieth Century*. Vol. 5 of *American Buildings and Their Architects*. New York: Oxford University Press, 1972.

Kahn, Louis. "Order in Architecture." *Perspecta 4: Yale Architectural Journal* (1957): 58–65.

Kostof, Spiro. *A History of Architecture: Settings and Rituals*. New York: Oxford University Press, 1985.

————. *The City Shaped: Urban Patterns and Meanings throughout History.* Boston: Little, Brown; Bullfinch Press, 1991.

————. with Greg Castillo. *The City Assembled: The Elements of Urban Form through History.* Boston: Little, Brown, Bullfinch Press, 1992.

Krinsky, Carol Herselle. *Rockefeller Center.* London: Oxford University Press, 1978.

Kunstler, James Howard. *The Geography of Nowhere: The Rise and Decline of America's Man-Made Landscape.* New York: Simon & Schuster, 1993.

Lagerfeld, Steven. "What Main Street Can Learn from the Mall." *Atlantic,* November 1995, 110ff.

Late Entries to the Chicago Tribune Tower Competition. New York: Rizzoli, 1980.

Le Corbusier and Pierre Jeanneret. *Oeuvre Complète 1910–1929.* Zurich: Les Editions d'Architecture (Artemis), 1964.

————. *Oeuvre Complète 1929–1934.* Trans. A. J. Dakin. Zurich: Les Editions d'Architecture (Artemis), 1964.

————. *Oeuvre Complète 1934–1938.* Trans. A. J. Dakin. Zurich: Les Editions d'Architecture (Artemis), 1964.

Lemann, Nicholas. "Stressed out in Suburbia." *Atlantic,* November 1989, 34ff.

Liebs, Chester H. *Main Street to Miracle Mile, American Roadside Architecture.* Boston: Little, Brown, 1985.

Longstreth, Richard. *The Buildings of Main Street.* Washington, D.C.: Preservation Press, National Trust for Historic Preservation, 1987.

Lounsbury, Carl L. "The Beaux-Arts Ideals and Colonial Reality: The Reconstruction of Williamsburg's Capitol, 1928–1934." *Journal of the Society of Architectural Historians* 49 (December 1990): 373–89.

Lynch, Kevin. *The Image of the City.* Cambridge: M.I.T. Press, 1960. Reprint, 1964.

————. "The City as Environment." *Scientific American,* September 1965, 209–219.

Manson, Grant Carpenter. *Frank Lloyd Wright to 1910, The First Golden Age.* New York: Reinhold, 1958.

McAlester, Virginia, and Lee McAlester. *A Field Guide to American Houses.* New York: Knopf, 1989.

McShane, Clay. *Down the Asphalt Path: The Automobile and the American City.* New York: Columbia University Press, 1994.

Moholy-Nagy, Sybil. *Matrix of Man.* New York: Praeger, 1968.

A Monograph of the Works of McKim, Mead & White, 1879–1915. 1915. Reprint, New York: Benjamin Blom, 1973.

Moore, Charles W. "You Have to Pay for the Public Life." *Perspecta 9–10: Yale Architectural Journal* (1965): 57–97.

Moore, Charles W., and Gerald Allen. *Dimensions, Space, Shape, & Scale in Architecture.* New York: Architectural Record Books, 1976.

Moore, Charles W., Gerald Allen, and Donlyn Lyndon. *The Place of Houses.* New York: Holt, Rinehart & Winston, 1974.

Mourt's Relation: A Journal of the Pilgrims at Plymouth. London: 1622. Reprint, Cambridge and Boston: A Krusell Book, Applewood Books, 1986.

Mumford, Lewis. *The South in Architecture.* New York: Harcourt, Brace, 1941.

————. *The Highway and the City.* New York: Harcourt, Brace, 1953. Reprint, New York: Mentor, 1964.

————. *The City in History.* New York: Harcourt, Brace & World, 1961.

Muschamp, Herbert. *Man about Town: Frank Lloyd Wright in New York City.* Cambridge: M.I.T. Press, 1983.

Newby, Howard. *Country Life: A Social History of Rural England.* Totowa, N.J.: Barnes & Noble Books, 1987.

Norberg-Schulz, Christian. *Baroque Architecture*. New York: Harry N. Abrams, 1971.
———. *Existence, Space and Architecture*. New York: Praeger, 1971.
———. *Meaning in Western Architecture*. New York: Praeger, 1975.
———. *New World Architecture*. New York: Architectural League of New York and Princeton Architectural Press, 1988.
Peets, Elbert. *On the Art of Designing Cities: The Selected Essays of Elbert Peets*. Ed. Paul D. Spreiregen. Cambridge: M.I.T. Press, 1968.
Pennsylvania Avenue. Report of the President's Council on Pennsylvania Avenue. Washington, D.C., 1964.
Pevsner, Nikolaus. *A History of Building Types*. Princeton: Princeton University Press, 1976.
Rand, Ayn. Screenplay. *The Fountainhead*. Warner Bros. 1949. Based on the novel by Ayn Rand. Chicago: Sears Readers Club, 1943.
Rasmussen, Steen Eiler. *Towns and Buildings*. 1951. Reprint, Cambridge: M.I.T. Press, 1969.
Records of the Colony of New Plymouth of New England. Vol. 1. William White, 1861.
Reed, Henry Hope. *The Golden City*. New York: Doubleday, 1959. Reprint, Norton, 1971.
Reps, John W. *The Making of Urban America: A History of City Planning in the United States*. Princeton: Princeton University Press, 1965.
———. *Washington on View: The Nation's Capital Since 1790*. Chapel Hill: University of North Carolina Press, 1991.
Robertson, Jaquelin. "Rediscovering the Street." *Architectural Forum* 140 (November 1973): 24–31.
Rowsome, Frank. *The Verse by the Side of the Road: The Story of the Burma-Shave Signs and Jingles*. Brattleboro, Vt.: Stephen Greene Press, 1965.
Rudolph, Paul. "A View of Washington as a Capital—Or What Is Civic Design?" *Architectural Forum* 118 (January 1963): 64–70.
Rueda, Luis, ed. *Robert A. M. Stern: Buildings and Projects, 1981–1985*. New York: Rizzoli, 1986.
Rybczynski, Witold. *City Life: Urban Expectations in a New World*. New York: Scribner, 1995.
Rykwert, Joseph. *The Idea of a Town*. Princeton: Princeton University Press, 1976.
Saalman, Howard. *Haussmann: Paris Transformed*. New York: George Braziller, 1971.
Saarinen, Eliel. *The City*. New York: Reinhold, 1943.
Saint, Andrew. *The Image of the Architect*. New Haven: Yale University Press, 1983.
Scott, Geoffrey. *The Architecture of Humanism: A Study in the History of Taste*. New York: Norton, 1974.
Scully, Vincent, Jr. "Modern Architecture: Toward a Redefinition of Style." *Perspecta 4: Yale Architectural Journal* (1957): 4–11.
———. *Louis I. Kahn*. New York: George Braziller, 1962.
———. "The Death of the Street." *Perspecta 8: Yale Architectural Journal* (1963): 91–96.
———. *American Architecture and Urbanism*. New York: Praeger, 1969.
———. "American Houses: Thomas Jefferson to Frank Lloyd Wright." *In The Rise of an American Architecture*, edited by Edgar Kaufman Jr. New York: Praeger, 1970.
———. *Architecture: The Natural and the Manmade*. New York: St. Martin's Press, 1991.
Sharp, Dennis. *A Visual History of Twentieth-Century Architecture*. Greenwich, Conn.: New York Graphic Society, 1972.
Sharp, Thomas. *The Anatomy of the Village*. Harmondsworth, Middlesex, England: Penguin Books, 1946.

Shumway, Floyd, and Richard Hegel, eds. *New Haven: An Illustrated History.* Woodland Mills, Calif.: Windsor Publications, 1981.

Sitte, Camillo. *City Planning According to Artistic Principles.* Trans. George R. Collins and Christiane Craseman Collins. Columbia University Studies in Art History and Archeology, no. 3. London: Phaidon Press, 1965.

Smith, C. Ray. *New Attitudes in Post-Modern Architecture.* New York: Dutton, 1977.

Smith, G. E. Kidder. *A Pictorial History of Architecture in America.* 2 vols. New York: American Heritage, 1976.

Stein, Clarence S. "Toward New Towns for America." Radburn, *The Town Planning Review* 20 (October 1949): 219–51.

Stein, Susan R. *The Worlds of Thomas Jefferson at Monticello.* New York: Abrams, 1993.

Stern, Robert A. M. "With Rhetoric: The New York Apartment." *VIA* 4 (1980): 78–111.

———. *Pride of Place.* Boston: Houghton Mifflin; New York: American Heritage, 1986.

Stern, Robert A. M., with Raymond W. Gastil. *Modern Classicism.* New York: Rizzoli, 1988.

Stern, Robert A. M., Gregory Gilmartin, and Thomas Mellins. *New York 1930: Architecture and Urbanism between the Two World Wars.* New York: Rizzoli, 1987.

Stern, Robert A. M., Gregory Gilmartin, and John Montague Massengale. *New York 1900: Metropolitan Architecture and Urbanism, 1890–1915.* New York: Rizzoli, 1983.

Stern, Robert A. M., Thomas Mellins, and David Fishman. *New York 1960: Architecture and Urbanism between the Second World War and the Bicentennial.* New York: Montacelli Press, 1995.

Stern, Robert A. M., ed., with John Montague Massengale. *The Anglo-American Suburb.* New York: St. Martin's Press, 1981.

Stilgoe, John R. *Borderland: Origins of the American Suburb, 1820–1939.* New Haven: Yale University Press, 1988.

Styron, William. "In Praise of Vineyard Haven." In *On the Vineyard.* New York: Anchor Books, 1980.

Summerson, John. *Georgian London.* London: Barrie & Jenkins, 1962.

———. *The Life and Work of John Nash, Architect.* Cambridge: M.I.T. Press, 1980.

Thompson, Hunter. *Fear and Loathing in Las Vegas: A Savage Journey to the Heart of the American Dream.* 1971. Reprint, New York: First Vintage Books, 1989.

Tunnard, Christopher, "Design at the Scale of the Region." *Eye: Magazine of the Yale Arts Association* 1 (1967): 8–13.

———. *A World with a View.* New Haven: Yale University Press, 1978.

Tunnard, Christopher, and Henry Hope Reed. *American Skyline.* Boston: Houghton Mifflin, 1953. New York: Mentor, 1956.

Tunnard, Christopher, and Boris Pushkarev. *Man-Made America: Chaos or Control?* New Haven: Yale University Press, 1963.

Turner, Frederick Jackson. *The Frontier in American History.* Tuscon: University of Arizona Press, 1986.

Vale, Lawrence J. *Architecture, Power and National Identity.* New Haven: Yale University Press, 1992.

Venturi, Robert. *Complexity and Contradiction in Architecture.* New York: Museum of Modern Art, 1966.

Venturi, Robert, and Denise Scott Brown. "The Significance of A&P Parking Lots or Learning from Las Vegas." *Architectural Forum* 128 (March 1968): 36–43.

Venturi, Robert, Denise Scott Brown, and Steven Izenour. *Learning from Las Vegas.* Cambridge: M.I.T. Press, 1972.

Venturi, Robert, Denise Scott Brown, and Steven Izenour. *Signs of Life: Symbols in the American City.* Exhibition catalog. Washington, D.C.: Renwick Gallery, 1976.

Venturi, Scott Brown & Associates. *Venturi Scott Brown & Associates: On Houses and Housing.* Architectural Monographs 21. New York: St. Martin's Press, 1992.

Voltaire [François-Marie Arouet]. *Candide.* 1759. Reprint, New York: Random House, Literary Guild, 1929.

Voorhees, Walker, Smith & Haines. "Explanation of Commercial Bulk Regulations." *In Zoning New York City; A Proposal for a Zoning Resolution for the City of New York.* Submitted to the City Planning Commission August 1958, 127–31.

Webb, Bruce C., and William F. Stern. "Houston-Style Planning: No Zoning but Many Zones." *Cité: Architecture and Design Review of Houston* 32 (Fall 1994–Winter 1995): 14–15.

West, Nathanael. *The Day of the Locust.* 1939. Reprint, New York: New Directions, 1950.

Westmacott, Richard. *African-American Gardens and Yards in the Rural South.* Knoxville: University of Tennessee Press, 1992.

Whitaker, Craig. "Rouse-ing Up the Waterfront." *Architectural Record* 174 (April 1986): 66–71.

White, Morton, and Lucia White. *The Intellectual versus the City: From Thomas Jefferson to Frank Lloyd Wright.* Cambridge: Harvard University Press, 1962.

White, Norval, and Elliot Willensky. *AIA Guide to New York City.* New York: Collier, 1967.

Whyte, William H., Jr. *The Organization Man.* New York: Simon & Schuster, 1956.

Wilkinson, Jeff. "The Story of Porches." *Old-House Journal* 18 (July–August 1990): 30–37.

Wittkower, Rudolf. *Architectural Principles in the Age of Humanism.* London: Alec Tiranti, 1962. Reprint, New York: Norton, 1971.

Wolf, Peter M. *Eugène Hénard and the Beginning of Urbanism in Paris 1900–1914.* The Hague: Ando, 1968.

———. *The Future of the City.* New York: Watson-Guptill, Whitney Library of Design, 1974.

The WPA Guide to Washington, D.C. Washington: Government Printing office, 1937, as *Washington: City and Capital.* Reprint, New York: Pantheon Books, 1983.

Wright, Frank Lloyd. *The Future of Architecture.* New York: Horizon Press, 1958. Reprint, Mentor, 1963.

———. *The Living City.* New York: Horizon Press, 1958. Reprint, Mentor, 1963.

Wright, Gwendolyn. *Building the American Dream.* Cambridge: M.I.T. Press, 1981.

Wycherley, R. E. *How the Greeks Built Cities.* New York: Macmillan, 1962. Reprint, Anchor Books, 1969.

Zucker, Paul. *Town and Square: From the Agora to the Village Green.* New York: Columbia University Press, 1959. Reprint, Cambridge: M.I.T. Press, 1970.

致谢

　　我非常感谢格雷厄姆高级美术研究基金会的慷慨捐助,有了这笔经费我才能收集完成本书中的大量素材。同时,我也非常感激纽约桑伯恩(Sanborn)地图公司,他们提供的美国各大城市的付费地图是很有用的工具。约瑟夫·帕索诺(Joseph Passonneau)和他的合作伙伴也在致谢名单之列,他们的华盛顿特区地图是宾夕法尼亚大道平面形成的基础。

　　许多人提供的建议丰富(当然,有些时候是质疑)了我的想法。我以前的学生克里斯托弗·布恩(Christopher Boone)、珍妮特·詹金斯(Janet Jenkins)和拉尔夫·麦科伊(Ralph McCoy)用他们自己的研究成果拓宽了我的思路。斯蒂芬·纽威尔什(Steven Neuwirth)教授对我手稿的评价鼓舞了我对于我们的文化价值具有普通性的信念。约翰·洛奇(John Rauch)、我的父亲埃利奥特·惠特克(Elliot Whitaker),还有迈克尔·乌姆菲尔德(Michael Wurmfeld)在我写作过程中审阅了我的手稿并提供了宝贵意见。迪米特里·萨拉提提斯(Demetri Sarantitis)和维多利亚·罗斯邦德(Victoria Rospond)审阅了文中的照片与插图。唐·坎蒂洛(Don Cantillo)提供了许多图片素材,同时,他也提供了在不同尺度上合理制作地图与平面的方法。文中的许多地图是惠华·安纳克斯丁(Hui-Hua Annexstein)的作品。迈克尔·西摩(Michael Seymour),杰弗里·斯潘塞(Geoffrey Spencer)和罗伯特·沃勒姆(Robert Wollam)在写作思路与逻辑上提供了长期且耐心的帮助,而莫妮卡·安·沃利奇(Monica Ann Wallach)则编写了目录。艾比盖尔·斯特奇(Abigail Sturges)出彩的书页设计让本书更加出彩。我在克拉克森波特所雇的编辑罗伊·费纳摩尔(Roy Finamore)一直鼓舞着我将此书出版的信念。他和他的助手,伦尼·艾伦(Lenny Allen)则不遗余力地修改着手稿直到最终完成。

　　有两位在本书撰写出版时提供过帮助的友人在此我要特别感谢。我的助手雷吉娜·瑞安(Regina Ryan)一直鼓励着我。她将手稿编辑了两次,并一次比一次更加出彩。还有就是我的妻子,詹尼弗·西摩·惠特克(Jennifer Seymour Whitaker)。她不仅数次编写了本书手稿,同时也在长达数年的时间里认真倾听我的想法直到文案成型。

图片引用

1, Jim Bolenbaugh; 2, Craig Whitaker; 3, Photograph: Chester H. Liebs, *Main Street to Miracle Mile,* Johns Hopkins University Press, 1995; 4, Craig Whitaker; 5, Collection, M. Yvan Christ, Paris, uncredited photo, 1865; 6, Photograph: © Andreas Feininger; 7, *American Architect and Architectural Review*; 8, Ferdinando Castagnoli, *Orthogonal Town Planning in Antiquity,* The MIT Press, (von Gerkan, "Milet I"); 9, Ohio State University Libraries; 10, drawn and published by Augustus Koch, 1870, Library of Congress Map Division; 11, Jim Wilson/ NYT Pictures; 12, Engraving by Pierre Le Pautre, E. de Ganay, "Andre Le Notre," Editions Vincent, Freal & Cie., pl 18; 13, Regional Plan Association, *Regional Plan of New York and Its Environs: The Building of the City, 1931,* Volume 2; 14, Hui-Hua Annexstein; 15, Springer-Verlag; 16, Burton Historical Collection, Detroit Public Library; 17, Reps, John; *The Making of Urban America.* Copyright © 1965 by PUP. Reprinted by permission of Princeton University Press; 18, From the Collections of The New Jersey Historical Society, Newark, New Jersey; 19, Fairchild Aerial Surveys; Tunnard & Pushkarev, *Man-Made America,* Yale University Press © 1963; 20, Reprinted with permission from *Perspecta 6: The Yale Architectural Journal,* 1960; 21, Library of Congress; 22, Hui-Hua Annexstein; 23, Waldemar Kaden, woodcuts by A. Closs; 24, Washington State Historical Society, Tacoma, Washington; 25, Sharp, Thomas, *The Anatomy of the Village,* Penguin © 1946; 26, Reps, John, *The Making of Urban America.* Copyright © 1965 by PUP. Reprinted by permission of Princeton University Press; 27, Robert Cameron, Aerial Photographer; 28, Craig Whitaker; 29, Hui-Hua Annexstein; 30, *Civic Art*; 31, © Paramount Pictures; courtesy of Billy Rose Theatre Collection, The New York Public Library for the Performing Arts, Astor, Lenox and Tilden Foundations; 32, Manoogian Foundation; 33, Corbis-Bettmann.

34, Craig Whitaker; 35, Craig Whitaker; 36, Hui-Hua Annexstein, adaptation of drawing owned by Mr. W. R. Headley; 37, Old Sturbridge Village; 38, Craig Whitaker; 39, Photograph: © Yukio Futagawa; 40, Venturi, Scott Brown and Associates; 41, From *A Pictorial History of Architecture in America* by G. E. Kidder Smith; 42, Craig Whitaker; 43, The Library of Virginia; 44, Craig Whitaker; 45, Craig Whitaker; 46, Venturi, Scott Brown and Associates; 47, Craig Whitaker with the assistance of the Mount Vernon Ladies' Association, which owns and operates Mount Vernon; 48, Craig Whitaker; 49, Craig Whitaker; 50, The Library of Congress; 51, Craig Whitaker; 52, Craig Whitaker; 53, Craig Whitaker; 54, Craig Whitaker; 55, Craig Whitaker; 56, Photographic Archives, Ekstrom Library, University of Louisville; 57, Designer: Robert L.

Zion, Landscape Architect; 58, Library of Congress; 59, Craig Whitaker; 60, Venturi, Scott Brown and Associates; 61, Photograph: Jock Pottle/ Esto; © The J. Paul Getty Trust and Richard Meier & Partners; 62, Springer/ Corbis-Bettmann; 63, Craig Whitaker; 64, Aerial Viewpoint Photo Labs, Inc.; 65, John Hill, Craig Witaker; 66, Clarence S. Stein; 67, Gretchen van Tassel; 68, Craig Whitaker; 69, Craig Whitaker; 70, © 1996 FLW FDN; 71, *Anglo-American Suburb,* Academy Group Ltd.; 72, Craig Whitaker; 73, Ezra Stoller © Esto; 74, Fondation Le Corbusier, © 1996 Artists Rights Society (ARS), New York/ SPADEM, Paris; 75, Ezra Stoller © Esto; 76, Collection of The New-York Historical Society; 77, Craig Whitaker; 78, From *The City Shaped* by Spiro Kostof. Copyright © 1991 by Spiro Kostof. By permission of Little, Brown and Company; 79, Courtesy of the George S. Bolster Collection of the Historical Society of Saratoga Springs; 80, Gerald Allen, from *Place of Houses* by Charles Moore, Gerald Allen and Donlyn Lyndon. Copyright © 1974 by Charles Moore, Gerald Allen, Donlyn Lyndon. Reprinted by permission of Henry Holt and Co., Inc.; 81, © Curtis Publishing Company; 82, Craig Whitaker; 83, Craig Whitaker.

84, Regional Plan Association, Hui-Hua Annexstein; 85, Don Cantillo, Craig Whitaker; 86, Craig Whitaker; 87, Craig Whitaker; 88, Cassandra Wilday; 89, Craig Whitaker; 90, Michael Flanagan; 91, Gruzen Samton/ Beyer, Blinder, Belle, Master Planners-Architects; 92, Craig Whitaker; 93, Craig Whitaker; 94, Craig Whitaker; 95, Craig Whitaker; 96, Chicago Historical Society; 97, Steven Zane, Coalition for a Better Waterfront; 98, Craig Whitaker; 99, Craig Whitaker; 100, © Country Life Picture Library; 101, © 1996 FLW FDN; 102, Craig Whitaker; 103, Industrial Areas Foundation; 104, Fondation Le Corbusier, © 1996 Artists Rights Society (ARS), New York/ SPADEM, Paris; 105, Fondation Le Corbusier, © 1996 Artists Rights Society (ARS), New York/ SPADEM, Paris; 106, Photograph: John Donat; 107, Craig Whitaker, courtesy Linda N. J. Szymanski; 108, ICHi-26090, Chicago Historical Society; 109, Craig Whitaker; 110, Venturi, Scott Brown and Associates; 111, Craig Whitaker, used by permission from Disney Enterprises, Inc.; 112, Janet K. Jenkins, used by permission from Disney Enterprises, Inc.; 113, Courtesy of Peter Wolf; 114, Craig Whitaker; 115, Hui-Hua Annexstein; 116, Rantoul Collection, Harvard University Graduate School of Business Administration; 117, Hui-Hua Annexstein; 118, Hui-Hua Annexstein.

119, New Haven Colony Historical Society; 120, Wade Perry, from *Place of Houses* by Charles Moore, Gerald Allen and Donlyn Lyndon. Copyright © 1974 by Charles Moore, Gerald Allen, Donlyn Lyndon. Reprinted by permission of Henry Holt and Co., Inc.; 121, Craig Whitaker Architects; 122, Craig Whitaker; 123, Craig Whitaker; 124, © 1996 FLW FDN; 125, Photograph: Robert E. Mates; © The Solomon R. Guggenheim Foundation, New York; 126, © 1996 FLW FDN; 127, Craig Whitaker; 128, Craig Whitaker; 129, Craig Whitaker; 130, Craig Whitaker; 131, Craig Whitaker; 132, Library of Congress; 133, Fondation Le Corbusier, © Artists Rights Society (ARS), New York/ SPADEM, Paris; 134, *Civic Art*; 135, Craig Whitaker; 136, David W. Dunlap; 137, Craig Whitaker; 138, Art Color Card; 139, From Beers Atlas, courtesy of Terry Tyler; 140, Craig Whitaker; 141, Craig Whitaker; 142, Craig Whitaker; 143, Courtesy of Abramowitz Kingsland Schiff; 144, From *Design of Cities* by Edmund Bacon. Copyright © 1967, 1974 by Edmund N. Bacon. Used by permission of Penguin, a division of Penguin Books USA, Inc.; 145, Hui-Hua Annexstein, Craig Whitaker; 146, Craig Whitaker; 147, photograph: Tom Bernard, Venturi, Scott Brown and Associates; drawing: Venturi, Scott Brown and Associates; 148, Craig Whitaker; 149, Wade Perry, from *Place of Houses* by Charles Moore, Gerald Allen and Donlyn Lyndon. Copyright © 1974 by Charles Moore, Gerald Allen and Donlyn Lyndon. Reprinted by permission of Henry Holt and Co., Inc.; 150, Robert Cameron, Aerial Photographer; 151, *Civic Art*; 152, Craig Whitaker; 153, Bancroft Library, University of California at Berkeley; 154, Craig

Whitaker; 155, The Ohio State University Photo Archives; 156, The Ohio State University Photo Archives; 157, Craig Whitaker; 158, Craig Whitaker, Hui-Hua Annexstein; 159, Craig Whitaker; 160, Ohio Historical Society; 161, Joshua White, Frank O. Gehry & Associates.

162, Craig Whitaker; 163, Craig Whitaker; 164, Craig Whitaker; 165, A. Cartoni, Rome; 166, Venturi, Scott Brown and Associates; 167, Reprinted with permission from *Perspecta 4: The Yale Architectural Journal,* 1957; 168, Photograph: Louis Checkman; 169, Postcard Gallery; 170, G. E. Kidder Smith; 171, Published by Jasper Johns and Simca Print Artists, Inc. © 1996 Jasper Johns/ Licensed by VAGA, New York, NY; 172, Copyright © Estate of Diane Arbus, 1971; Courtesy Robert Miller Gallery, New York; 173, Photograph Collection, Art & Architecture Library, Yale University; 174, American Institute of Steel Construction, Inc.; 175, New York State Department of Transportation, Tunnard & Pushkarev, *Man-Made America,* copyright © 1963 Yale University Press; 176, From *The City Shaped* by Spiro Kostof. Copyright © 1991 by Spiro Kostof. By permission of Little, Brown and Company; 177, Blaser/ Hannaford (eds.), *Drawings of Great Buildings,* Birkhauser Verlag AG, Basel, 1993; 178, From *A Pictorial History of Architecture in America* by G. E. Kidder Smith; 179, Ezra Stoller © Esto; 180, *Louis I. Kahn,* Les Editions d'Architecture, Artemis, Zurich; 181, From *The City Shaped* by Spiro Kostof. Copyright © 1991 by Spiro Kostof. By permission of Little, Brown and Company; 182, Photograph: Harry Hartman, courtesy Merchant's House Museum; 183, Craig Whitaker; 184, Paul D. Spreiregen; 185, The Connecticut Historical Society, Hartford, Connecticut; 186, Robert Cameron, Aerial Photographer; 187, © FVN Corporation; 188, NYT Pictures; 189, Leonardo Benevolo, *The History of the City,* The MIT Press; 190, *McKim Mead & White: 1879–1915;* 191, Craig Whitaker; 192, Michael Flanagan; 193, Photograph: Wolfgang Volz; Copyright © Christo 1976; 194, Photograph: Harry Shunk; Copyright © Christo 1972; 195, Craig Whitaker; 196, Craig Whitaker; 197, New York State Thruway Authority; 198, Craig Whitaker; 199, Craig Whitaker; 200, Photograph © 1996: Whitney Museum of American Art, New York; 201, Craig Whitaker; 202, Craig Whitaker; 203, Photograph: William Beuke; ICHi-05780, Chicago Historical Society; 204, Craig Whitaker; 205, Craig Whitaker; 206, Hui-Hua Annexstein, Craig Whitaker; 207, Hui-Hua Annexstein, Craig Whitaker; 208, Edizione SACAT, Turin; 209, Hui-Hua Annexstein; 210, Massachusetts Department of Commerce, Tunnard & Pushkarev, *Man-Made America,* Copyright © 1963 Yale University Press; 211, Swem Library, College of William and Mary; 212, Craig Whitaker; 213, Craig Whitaker; 214, Craig Whitaker; 215, Negative 60215, frame 28, Courtesy Department of Library Services, American Museum of Natural History; 216, Craig Whitaker, Hui-Hua Annexstein; 217, Craig Whitaker; 218, Craig Whitaker; 219, Hui-Hua Annexstein; 220, Drawing by Paul Rudolph; 221, Craig Whitaker; 222, Collection of The New-York Historical Society; 223, The Wurts Collection, Museum of the City of New York; 224, Collection of The New-York Historical Society; 225, Craig Whitaker, Hui-Hua Annexstein.

226, Courtesy of Plimoth Plantation, Inc., Plymouth, Massachusetts; 227, drawn and published by William Birch, Library of Congress, Map Division; 228, Collection of Craig Whitaker; 229, *Civic Art;* 230, The Library of Congress; 231, Craig Whitaker; 232, Craig Whitaker; 233, Photograph: Adam Woolfitt; Copyright © Robert Harding Picture Library; 234, I.N. Pillsbury. Journal of the Association of English Societies, Library of Congress Map Division; 235, Ohio Historical Society; 236, Map Collection, Olin Library, Cornell University; 237, Nicholas Tassin, Les Plans et Profils de Toute les Principales, Library of Congress Map Division; 238, *Civic Art;* 239, Steen Eiler Rasmussen, *Towns and Buildings,* The MIT Press; 240, *Civic Art;* 241, *Civic Art;* 242, Reps, John, *The Making of Urban America.* Copyright © by PUP. Reprinted by permission of Princeton University Press; 243, Permission for use granted by *Architectural Record;* 244, Paul D.

Spreiregen; 245, Craig Whitaker; 246, Craig Whitaker; 247, published by H. Platt, 1821, Indiana State Library, Indianapolis, Indiana; 248, Photograph © 1994, The Art Institute of Chicago. All rights reserved; 249, Craig Whitaker; 250, Craig Whitaker; 251, Photograph: Rudy Burckhardt; 252, From *The City Shaped* by Spiro Kostof. Copyright © 1991 by Spiro Kostof. By permission of Little, Brown and Company.; 253, Leonardo Benevolo, *The History of the City*, The MIT Press; 254, Craig Whitaker, Hope Herman Wurmfeld, Craig Whitaker, Craig Whitaker; 255, Biblioteca Apostolica Vaticana; 256, Fotocielo, Rome; 257, Craig Whitaker, Demetri Sarantitis and Ting-i Kang; 258, Engraving by J. Bluck after T. H. Shepherd; John Summerson, *The Life and Work of John Nash, Architect,* The MIT Press; 259, © 1996 United Press, Inc./ Licensed by VAGA, New York, NY; 260, Copyright © 1996 Andy Warhol Foundation for the Visual Arts/ARS, New York; 261, Richard S. and Rosemarie B. Machmer; 262, Norman S. Ives; 263, Craig Whitaker; 264, Robert Wollam; 265, Craig Whitaker; 266, Peter Blake; 267, Craig Whitaker; 268, Craig Whitaker.

269, Copyright © 1996 Artists Rights Society (ARS), New York/ SPADEM, Paris; 270, Photofest; 271, Craig Whitaker; 272, Craig Whitaker; 273, Hui-Hua Annexstein; 274, Library of Congress, Map Division; 275, AP/Wide World Photos; 276, Courtesy of the Maryland State Archives, Special Collections (Maryland State Archives Map Collection) G1427-6; 277, Craig Whitaker; 278, Craig Whitaker; 279 Colonial Williamsburg Foundation; 280, Craig Whitaker; 281, Craig Whitaker; 282, Craig Whitaker; 283, Craig Whitaker; 284, Library of Congress; 285, Craig Whitaker; 286, Library of Congress, Hui-Hua Annexstein; 287, Nevada Historical Society; 288, Photograph: Nichan Bichajian; Kevin Lynch, *The Image of the City*, The MIT Press; 289, Craig Whitaker; 290, Craig Whitaker; 291, Photofest; 292, Craig Whitaker; 293, Craig Whitaker; 294, Artwork courtesy of Mary Engelbreit © ME INK; 295, Rollin La France, Venturi, Scott Brown & Associates; 296, Oak Alley Plantation. On the Mississippi River in Vacherie, Louisiana; 297, Craig Whitaker; 298, Library of Congress; 299, Photograph: Walmsey Lenhard; Collection of The New York Historical Society; 300, Craig Whitaker; 301, Craig Whitaker, 302, Craig Whitaker; 303, *Civic Art*; 304, Craig Whitaker; 305, Craig Whitaker; 306, William Hersey and John Kyrk; Kent Bloomer & Charles Moore, *Body, Memory, and Architecture*, 1977, Yale University Press; 307, Aerial Viewpoint Photo Labs, Inc., Houston, Texas 77042; 308, Craig Whitaker; 309, Craig Whitaker; 310, Craig Whitaker; 311, City Archives of Philadelphia; courtesy of Philadelphia Museum of Art; 312, Craig Whitaker; 313, Hui-Hua Annexstein; 314, Craig Whitaker; 315, Copyright © 1996 Jake Rajs; 316, Photograph: Charles R. Schulze; Tunnard & Pushkarev, *Man-Made America,* Copyright © 1963 Yale Univesity Press; 317, James Elmes, *Metropolitan Improvements;* 318, Camillo Sitte; 319, Helen Searing, ed., *In Search of Modern Architecture*, The MIT Press; Foundation Le Corbusier, © 1996 Artists Rights Society (ARS), New York/ SPADEM, Paris; 320, Craig Whitaker; 321, The Museum of Modern Art, New York City, Mrs. John Simon Guggenheim Fund. Photograph © 1996, The Museum of Modern Art, New York City; 322, Craig Whitaker; 323, Photograph copyright © 1996 Whitney Museum of American Art, New York; 324, Craig Whitaker; 325, Hui-Hua Annexstein; 326, Brown Brothers; 327, Regional Plan Association. *Regional Plan of New York and Its Environs: The Building of the City, 1931,* Volume 2.

328, Craig Whitaker; 329, National Park Service; 330, Photograph: Joe Schershel; *Life* magazine © Time, Inc. Magazine Company; 331, Photograph: Nichan Bichajian; Kevin Lynch, *The Image of the City,* The MIT Press; 332, Copyright © Michael Dennis; from Michael Dennis, *Court & Garden,* (Cambridge, Mass. The MIT Press, 1986), 239; Yale University Archives, Manuscripts and Archives, Yale University Library; 333, Venturi, Scott Brown and Associates; 334, Venturi, Scott Brown and Associates; 335,

索引

译后记

　　建筑研究涉及很多方面，其中审美和建筑文化领域的研究属于最难以清晰表述的方向之一，因此许多年来都只属于建筑学界少数学者们才能涉足的阵地。我国大多数学者是在紧跟全球化语境下进行相关探索和研究的，因此拥抱全球化的趋势似乎在改革开放后显得日趋明显。然而，在当今世界的经济和科技全球化大潮影响下，一向被认为占尽全球化优势，而且文化本身也承袭自欧洲的美国，却有学者居然率先写出这样一本基于美国本土思维的著作，试图在建筑文化上与同样秉承西方价值体系的其他国家进行区分，真令人不能不认真解读其究竟。

　　通读本书，总体看来作者对美式文化充满自信，不遗余力地宣扬美国梦与美式建筑文化思维的特色，试图与孕育其成长的盎格鲁-撒克逊文化和其他各西方文化划清界限，从而彪炳基于美国本土思维的文化自信。本书让我们从一个角度更加了解和尊重美式文化。我们不得不说，美国自然环境与社会发展道路给予美国人许多得天独厚的机会，他们崇尚坦荡而单纯，追求个人自由，信奉不言而喻的真理，好装点门面，但同时也十分重视个人隐私，开放而又注重保护私有财产，这些美国的价值观特别明显地体现在美式的建筑文明里，例如：大门只是象征性的标志物、十字路口处的停顿、前门和后门代表的不同文化符号等。

　　但是读者也应同样以批判的眼光看待这种文化上的自信，或许作者在书中也同时隐晦地批判了美国文化的缺陷，例如，美式生活对许多发展中国家和人口密集的大都市来说过分奢侈，每户居民不但拥有土地，还有前后两个门，门与道路之间要有很大的间距等。建在这种私家汽车上的迁徙自由和相对简单的思考方式下的文化可能导致缺乏忍耐力和对长期的人与土地复杂关联的责任缺乏认识。因此应该说，尽管美国梦让我们看到了美国文化欣欣向荣的一面，但并不是所有美梦都属于美国，美国梦能否长久地引导美国人的建设也值得思考。

翻译本书经历了漫长的周期，以至于愧对当初找我翻译的戚琳琳女士，此间发生的事件也足以不断检验本书的价值。就个人而言，翻译本书的过程中我曾两次赴美，特意询问了一些美国朋友书中的内容是否真实。另一方面，从国家而言，拿到本书不久我国就提出了基于我们自身发展实现"中国梦"的口号，而本书虽只是这位建筑学者的一家之言，却能够让我们从更长久的文化习俗探究什么是"美国梦"，尤其在今天，特朗普和美国参众两院对我国的快速发展产生敌意和戒备的时候，更需要认真从美国人自己的文化认识方面清楚地了解美国梦和美国文化价值的核心。从而在这种争执之中发现沟通和共识的基础，也了解形成各自差异化认识世界方式的缘由。

除了两位译者陈阳和王远楠同学外，本书的翻译和整理还要感谢陈耀桥和王凯两位同学的帮助，特此致谢。

张育南

2018 年 10 月